U0388904

给排水工程规划设计与管理研究

翟端端 林 兵 刘 堃 主编

辽宁科学技术出版社
·沈阳·

图书在版编目（CIP）数据

给排水工程规划设计与管理研究 / 翟端端，林兵，
刘堃主编. -- 沈阳 ：辽宁科学技术出版社，2022.5
（2024.6重印）
　　ISBN 978-7-5591-2470-8

　　Ⅰ. ①给… Ⅱ. ①翟… ②林… ③刘… Ⅲ. ①给排
水系统－工程设计－研究②给排水系统－工程管理－研究
Ⅳ. ①TU991

中国版本图书馆CIP数据核字（2022）第063308号

出版发行：辽宁科学技术出版社
　　　　　　（地址：沈阳市和平区十一纬路 25 号　邮编：110003）
印 刷 者：沈阳丰泽彩色包装印刷有限公司
经 销 者：各地新华书店
幅面尺寸：170mm×240mm
印　　张：7.75
字　　数：130 千字
出版时间：2022 年 5 月第 1 版
印刷时间：2024 年 6 月第 2 次印刷
责任编辑：孙　东
封面设计：梁　凉
责任校对：王玉宝

书　　号：ISBN 978-7-5591-2470-8
定　　价：48.00 元

联系编辑：024 - 23280300
邮购热线：024 - 23284502
投稿信箱：42832004@qq.com

编委会

前　言

Preface

在城镇基础设施中，给水工程和排水工程与城市交通工程相同，是非常重要的公共设施。给水工程和排水工程可以喻为城市的动脉和静脉，只要某一方面失去功能，城市生产和生活将会遇到困难甚至瘫痪。随着我国城镇化建设的飞速发展，一些大型中心城市和数量众多的小型城镇相继形成。然而，作为城市基础的公共设施——给水工程和排水工程仍有许多伴随发展的新问题，特别是城市排水系统还不够完善，技术相对落后，建设标准仍很低，旧的设施还面临大规模技术改造，城市水环境严重恶化，水涝灾害不断，优质的给水水源得不到保证，供水管网安全设施仍很脆弱。这些问题已得到了社会的普遍共识，国家和地方政府每年投入巨资建设和完善城市给水和排水工程等基础设施。

本书首先介绍了给水、排水工程规划的基本知识；然后详细阐述了给排水管网设计、雨污水管道设计、污水处理厂、给排水系统水量设计等，以适应给排水工程规划设计与管理研究的发展现状和趋势。

由于作者水平有限，且写作经验不足，错误在所难免，敬请广大读者批评指正。

目 录
Contents

第一章　城市给水工程规划

第一节　城市给水工程规划概述

一、给水工程的任务及给水工程的组成

给水工程也称供水工程，从组成和所处位置上讲可分为室外给水工程和建筑给水工程，前者主要包括水源、水质处理和城市供水管道等，故亦称城市给水工程，后者主要是建筑内的给水系统，包括室内给水管道、供水设备及构筑物等，俗称为上水系统。

城市给水工程的任务可以概括为三个方面：一是根据不同的水源设计建造取水设施，并保障源源不断地取得满足一定质量的原水；二是根据原水水量和水质设计建造给水处理系统，并按照用户对水质的要求进行净化处理；三是按照城镇用水布局通过管道将净化后的水输送到用水区，并向用户配水，供应各类建筑所需的生活、生产和消防等用水。

不同规模的城镇和不同水源种类，实现给水工程任务的侧重点有所不同，但给水工程的基本组成一般由取水工程、净水工程和输配水工程等构成。

（一）取水工程

取水工程主要设施包括取水构筑物和一级泵站，其作用是从选定的水源（包括地表水和地下水）抽取原水，加压后送入水处理构筑物。目前，随着城镇化进程的加快以及水资源紧张情势的出现，城市饮用水取水工程内容除了取水构筑物和一级泵站外，还包括水源选择、水源规划及保护等，所以取水工程涉及城市规

1

划、水利水资源、环境保护和土木工程等多领域多学科技术。

（二）给水处理

给水处理设施包括水处理构筑物和清水池。水处理构筑物的作用是根据原水水质和用户对水质的要求，将原水适当加以处理，以满足用户对水质的要求。

（三）输配水工程

输配水工程包括二级泵站、输水管道、配水管网、储存和调节水池（或水塔）等。二级泵站的作用是将清水池贮存水按照城镇供水所需水量，并提升到要求的高度，以便进行输送和配水。输水管道包括将原水送至水厂的原水输水管和将净化后的水送到配水管网的清水输水管。许多山区城镇供水系统的原水取水来自城镇上游水源，为减小工程费和运营费用，原水输水常采用重力输水管渠。配水管网是指将清水输水管送来的水送到各个用水区的全部管道。水塔和高地水池等调节构筑物设在输配水管网中，用以储存和调节二级泵站输水量与用户用水量之间的差值。

随着科学技术不断进步，以及现代控制理论及计算机技术等迅速发展，有力促进了大型复杂系统的控制和管理水平，也使城市给水系统利用计算机系统进行科学调度管理成为可能。所以采用水池、水塔等调节设施不再是城镇给水系统的主要调控手段，近年来，我国许多大型城市都构建了满足水质、水量、水压等多种要求的自来水优化调度系统，既提高了供水系统的安全性和供水公共产品的质量，同时也节约了能耗，获得了满意的经济效益和社会效益。

二、城市给水工程规划的任务

水资源是十分重要的自然资源，是城市可持续发展的制约因素；在水的自然循环和社会循环中，水质水量因受多种因素的影响常常发生变化。为了促进城市发展，提高人民生活水平，保障人民生命财产安全，需要建设合理的城市供水系统。给水工程规划的基本任务，是按照城市总体规划目标，通过分析本地区水资源条件、用水要求以及给排水专业科技发展水平，根据城市规划原理和给水工程原理，编制出经济合理、安全可靠的城市供水方案。这个方案应能反映经济合理地开发、利用、保护水资源，达到最低的基建投资和最少的运营管理费用，满足各用户用水要求，避免重复建设。具体说来，一般包括以下几方面的内容：

（1）搜集并分析本地区地理、地质、气象、水文和水资源等条件。

（2）根据城市总体规划要求，估算城市总用水量和给水系统中各单项工程设计流量。

（3）根据城市的特点确定给水系统的组成。

（4）合理地选择水源，并确定城市取水位置和取水方式。

（5）制定城市水源保护及开发对策。

（6）选择水厂位置，并考虑水质处理工艺。

（7）布置城市输水管道及给水管网，估算管径及泵站提升能力。

（8）比较给水系统方案，论证各方案的优缺点和估算工程造价与年经营费，选定规划方案。

三、城市给水工程规划的一般原则

根据城市总体规划，考虑到城市发展、人口变化、工业布局、交通运输、供电等因素，城市给水工程设施规划应遵循以下原则：

（一）城市给水工程规划应保证社会、经济、环境效益的统一

（1）编制城市供水水源开发利用规划，应优先保证城市生活用水，统筹兼顾，综合利用，讲究效益，发挥水资源的多种功能。

（2）开发水资源必须进行综合科学考察和调查研究。

（3）给水工程的建设必须建立在水源可靠的基础上，尽量利用就近水源。根据当地具体情况，因地制宜地确定净水工艺和水厂平面布置，尽量不占或少占农田、少拆民房。

（4）城市供水工程规划应依靠科学进步，推广先进的处理工艺，提高供水水质，提高供水的安全可靠性，尽量降低能耗，降低药耗，减少水量漏失。

（5）采取有效措施保护水资源，严格控制污染，保护水资源的植被，防止水土流失，改善生态环境。

（二）城市给水工程规划应与城市总体规划相一致

（1）应根据城市总体规划所确定的城市性质、人口规模、居民生活水平、经

济发展目标等，确定城市供水规模。

（2）根据国土规划、区域规划、江河流域规划、土地利用总体规划及城市用水要求、功能分区，确定水源数目及取水规模。

（3）根据总体规划中有关水利、航运、防洪排涝、污水排放等规划以及河流河床演变情况，选择取水位置及取水构筑物形式。

（4）根据城市道路规划确定输水管走向，同时协调供电、通信、排水管线之间关系。

（三）城市给水工程方案选择应考虑城市的特殊条件

（1）根据用户对水量、水压要求和城市功能分区，建筑分区以及城市地形条件等，通过技术经济比较，选择水厂位置，确定集中、分区供水方式，确定增压泵站、高位水池（水塔）位置。

（2）根据水源水质和用户类型，确定自来水厂的预处理、常规处理及深度处理方案。

（3）给水工程的自动化程度，应从科学管理水平和增加经济效益出发，根据需要和可能，妥善确定。

（四）给水工程应统一规划、分期实施，合理超前建设

（1）根据城市总体规划方案，城市给水工程规划一般按照近期 5 ~ 10 年、远期 20 年编制，按近期规划实施，或按总体规划分期实施。

（2）城市给水工程规划应保证城市供水能力与生产建设的发展和人民生活的需要相适应，并且要合理超前建设。避免出现因水量年年增加，自来水厂年年扩建的情况。

（3）城市给水工程近期规划时，应首先考虑设备挖潜改造、技术革新、更换设备、扩大供水能力、提高水质，然后再考虑新建工程。

（4）对于一时难以确定规划规模和年限的城镇及工业企业，城市给水工程设施规划时，应对于取水、处理构筑物、管网、泵房留有发展余地。

（5）城市给水工程规划的实施要考虑城市给水投资体制与价格体制等经济因素的影响，注意投资的经济效益分析。

四、城市给水工程规划的步骤和方法

城市给水工程的规划是城市总体规划的重要组成部分，因此规划的主体通常由城市规划部门担任，将规划设计任务委托给水专业设计单位进行，规划设计一般按下列步骤和方法进行。

（一）明确规划设计任务

进行给水工程规划时，首先要明确规划设计的目的与任务。其中包括：规划设计项目的性质，规划任务的内容、范围，相关部门对给水工程规划的指示、文件，以及与其他部门分工协议事项等。

（二）搜集必要的基础资料和现场踏勘

城市基础资料是规划的依据，基础资料的充实程度又决定着给水工程规划方案编制质量，因此，基础资料的搜集与现场踏勘是规划设计工作重要的一个环节，主要内容如下：

（1）城市和工业区规划和地形资料。资料应包括城市近远期规划、城市人口分布、工业布局、第三产业规模与分布，建筑类别和卫生设备完善程度及标准，区域总地形图资料等。

（2）现有给水系统概况资料。资料主要涵盖给水系统服务人数、总用水量和单项用水量、现有设备及构筑物规模和技术水平、供水成本以及药剂和能源的来源等。

（3）自然资料。包括气象、水文及水文地质，工程地质，自然水体状况等资料。

（4）城市和工业企业对水量、水质、水压要求资料等。

在规划设计时，为了搜集上述有关资料和了解实地情况，以便提出合理的方案，一般都必须进行现场踏勘。通过现场踏勘了解和核对实地地形，增加地区概念和感性认识，核对用水要求，掌握备选水源地现况，核实已有给水系统规模，了解备选厂址条件和管线布置条件等。

（三）制订给水工程规划设计方案

在搜集资料和现场踏勘基础上，着手考虑给水工程规划设计方案。在给水工程规划设计时，首先确定给水工程规划大纲，包含制定规划标准、规划控制目标、主要标准参数、方案论证要求等。在具体规划设计时，通常要拟订几个可选方案，对各方案分别进行设计计算，绘制给水工程方案图。进行工程造价估算，对方案进行技术经济比较，从而选择出最佳方案。

（四）绘制城市给水工程系统图

按照优化选择方案，绘制城市给水工程系统图，图中应包括给水水源和取水位置，水厂厂址、泵站位置，以及输水管（渠）和管网的布置等。规划总图比例采用 1 ∶ 5000 ～ 1 ∶ 10000。

（五）编制城市给水工程规划说明文本

规划说明文本是规划设计成果的重要内容，应包括规划项目的性质、城市概况、给水工程现况、规划建设规模、方案的组成及优缺点，方案优化方法及结果、工程造价，所需主要设备材料、节能减排评价与措施等。此外还应附有规划设计的基础资料、主管部门指导意见等。

五、给水工程规划内容简介

城市给水系统包括水源、取水工程、给水处理和输配水管网，工程规模决定了规划的主线，而决定工程规模的依据是用水量的计算。所以规划内容首先应根据规划原理预测城市用水量。

（一）城市用水量预测与计算

用水量计算一般采用用水量标准，城市用水有生活用水、生产用水、市政用水、消防用水。用水标准不仅与用水类别有关，还与地区差异有关。

城市用水量预测是指采用一定的理论和方法，有条件地预计城市将来某一阶段的可能用水量。用水量预测一般以过去的资料为依据，以今后用水趋向、经济条件、人口变化、资源情况、政策导向等为条件。各种预测方法是对各种影响用水的条件做出合理的假定，从而通过一定的方法求出预期水量。城市用水量预测涉及未来发展的诸多因素，在规划期难以准确确定，所以预测结果常常不够准确，一般采用多种方法相互校核。由于不同规划阶段条件不同，所以城市总体规划和详细规划的预测与计算是不同的。本节先介绍城市总体规划阶段用水量的预测计算方法。

（二）城市水源规划

城市水源规划是城市给水工程规划的一项重要内容，它影响到给水工程系统的布置、城市的总体布局、城市重大工程项目选址、城市的可持续发展等战略问题。城市水源规划作为城市给水排水工程规划的重要组成部分，不仅要与城市总体规划相适应，还要与流域或区域水资源保护规划、水污染控制规划、城市节水规划等相配合。

水源规划中，需要研究城市水资源量、城市水资源开发利用规模和可能性、水源保护措施等。水源选择关键在于对所规划水资源的认识程度，应进行认真深入的调查、勘探，结合有关自然条件、水质监测、水资源规划、水污染控制规划、城市远近期规划等进行分析、研究。通常情况下，要根据水资源的性质、分布和供水特征，从供水水源的角度对地表水和地下水资源从技术、经济方面进行深入全面比较，力求经济、合理、安全可靠。水源选择必须在对各种水源进行全面分析研究、掌握其基本特征的基础上进行。

城市给水水源有广义和狭义的概念之分。狭义的水源一般指清洁淡水，即传统意义的地表水和地下水，是城市给水水源的主要选择；广义的水源除了上面提到的清洁淡水外，还包括海水和低质水（微咸水、再生污水和暴雨洪水）等。在水资源短缺日益严重的情况下，对海水和低质水的开发利用，是解决城市用水矛盾的发展方向。

（三）取水工程规划

取水工程是给水工程系统的重要组成部分，通常包括给水水源选择和取水构筑物的规划设计等。在城市给水工程规划中，要根据水源条件确定取水构筑物的基本位置、取水量、取水构筑物的形式等。取水构筑物位置的选择，关系到整个给水系统的组成、布局、投资、运行管理、安全可靠性及使用寿命等。

合理的取水构筑物形式，对提高取水量、改善水质、保障供水安全、降低工程造价及运营成本有直接影响。多年来根据不同的水源类型，工程界也总结出了各种取水构筑物形式可供规划设计选用，同时随着施工技术的进步、城市基础设施建设投资的加大、先进的工程控制管理技术的运用，为取水工程的设计提供了更广阔的创新条件。

（四）城市给水处理设施规划

城市给水处理的目的就是通过合理的处理方法去除水中杂质，使之符合生活饮用和工业生产使用所要求的水质。不同的原水水质决定了选用的处理方法，目前主要的处理方法有常规处理（包括澄清、过滤和消毒）、特殊处理（包括除味、除铁、除锰和除氟、软化、淡化）、预处理和深度处理等。

（五）城市给水管网规划

城市给水管网规划包含输水管渠规划、配水管网布置及管网水力计算，现代城市给水管网规划还应包括给水系统优化调度方案等。

第二节 城市用水量规划

一、城市用水量标准

（一）城市用水量分类

城市用水量由下列两部分组成：第一部分为规划期内由城市给水工程统一供给的居民生活用水、工业用水、公共设施用水及其他用水水量的总和；第二部分为城市给水工程统一供给以外的所有用水水量的总和，其中应包括：工业和公共设施自备水源供给的用水，河湖环境用水和航道用水，农业灌溉和养殖及畜牧业用水，农村居民和乡镇企业用水等。各类用水量的估计一般以用水量标准为依据。

1.城市给水工程统一供给的用水量

（1）居民生活用水。城镇居民日常生活所需用水量指的是居民日常生活所需用水，包括饮用、烹调、洗涤、冲厕、洗澡等。生活用水量的多少随着各地的气候、居住习惯、社会经济条件、房屋卫生设备条件、供水压力、水资源丰富程度等而有所不同。就我国来看，随着人民生活水平的提高和居住条件的改善，生活用水量将有所增长。生活饮用水的水质关系到人体生命健康，必须符合有关生活饮用水卫生标准。所以，规划时在节约用水的前提下，应结合现状，并适当考虑近远期发展，科学地确定用水定额。

（2）工业用水量。工业用水量指工业企业生产过程所需的用水量，包括工业企业的生产用水量和工业企业职工生活用水量及淋浴用水量。其中，生产用水主要指工业生产过程中的用水，如发电厂汽轮机、钢铁厂高炉等的冷却用水，锅炉蒸汽用水，纺织厂和造纸厂的洗涤用水等。

生产用水的水量、水质和水压的要求因具体生产工艺的不同而不同。由于工艺技术的改进和节水措施的推广，工业用水重复率有不断提高的趋势，使单位产值用水量下降；而随着工业规模的不断扩大，工业用水量呈逐年递增的趋势。在确定工业企业用水量时，应根据生产工艺的要求而定。大工业用水户或经济开发区宜单独进行用水量计算，一般工业企业的用水量可根据国民经济发展规划，结合现有工业企业用水资料分析确定。

（3）公共设施用水量。公共设施用水量包括宾馆、饭店、医院、科研机构、学校、机关、办公楼、商业、娱乐场所、公共浴室等用水量。

（4）市政用水量。市政用水主要指道路冲洗、绿化浇灌、车辆冲洗、市政厕所冲洗等用水，应根据路面、绿化、气候和土壤等条件确定。随着市政建设的发展、城市环境卫生标准的提高、绿化率的提高，市政用水量将进一步增大。

（5）管网漏损水量。管网漏损水量指城镇供水管网在运行过程中由于各种原因的破坏而造成的水量漏损。

（6）未预见用水量。未预见用水量是指在给水设计中对难以预见的因素（如规划的变化及流动人口用水等）而预留的水量。

（7）消防用水。消防用水指扑灭火灾时所需要的用水，消防用水只是在发生火警时由室内、室外消火栓给水系统、自动喷淋灭火系统供给。消防用水对水质没有特殊的要求。一般不经常使用，可与城市生活用水系统综合考虑；对于防火要求较高的场所，可设立专用消防给水系统，以保证水量和水压的要求。

2. 城市给水工程统一供给以外的水量

包括工矿企业和大型公共设施的自备水，河湖为保护环境需要的各种用水，保证航运要求的用水，农业灌溉和水产养殖业、畜牧业用水，农村居民生活用水和乡镇企业的工业用水等水量。

（二）城市用水量标准

用水量标准是指设计年限内达到的用水水平，是确定给水工程和相应设施规模的主要依据之一。它涉及面很广，政策性也很强，而且标准的高低直接影响到工程投资、工程扩建的期限、今后水量的保证等方面，所以必须慎重考虑。规划时确定城市用水量标准，除了参照国家的有关规范外，还应结合当地的用水量统计资料和未来城市的经济发展趋势。

1. 居民生活用水量标准

城市中每个居民日常生活所用的水量范围成为居民生活用水量标准，单位常用 L/（人·d）。居民生活用水一般包括居民的饮用、烹饪、洗刷、沐浴、冲厕等用水。

2. 工业用水量标准

（1）工业企业生产用水标准。城市工业用水量不仅与城市性质、产业结构、经济发展程度等因素密切相关，同时，工业用水量随着主体工业、生产规模、技术先进程度不同也存在很大差别。为此，城市工业用水量以根据城市的主体产业结构、现有工业用水量和其他类似城市的情况综合分析后确定。当地无资料又无类似城市时可参考同类型工业、企业的技术经济指标确定。

（2）工业企业职工生活用水标准。工业企业职工生活用水标准根据车间性质决定，淋浴用水标准根据车间卫生特征确定。

3. 公共建筑用水量标准

公共建筑用水包括娱乐场所、宾馆、集体宿舍、浴室、商业、学校、办公等的用水。城市公共设施用水量应根据城市规模、经济发展状况和商贸繁荣程度以及公共设施的类别、规模等因素确定。

4. 市政用水量标准

街道洒水、绿地浇水和汽车冲洗等市政用水，一般可按道路种类、绿化面积、气候和土壤条件、汽车类型、路面卫生而确定。

浇洒道路用水量标准一般为 1.0 ～ 2.0L/（m² · 次），洒水次数每日可按 2 ～ 3 次计，绿地浇水用水量标准可采用 1.5 ～ 4.0L/（m² · d）。

5. 管网漏损水量标准

城镇配水管网的漏损水量宜按上述 1 ～ 3 项水量之和的 10% ～ 12% 计算，当单位管长供水量小或供水压力高时可适当增加。

6. 消防用水量标准

根据火灾资料统计，火灾造成重大损失的原因 80% 以上是火场缺水造成的。因此，在发生火灾时，保证消防给水系统供给充足的水量是消防给水设计的主要任务。

城市，居住区的室外消防用水量为同一时间内的火灾次数与一次灭火用水量的乘积。其用水量与城市规模、人口数量、建筑物耐火等级、火灾危险性类别、建筑体积等有关。

二、城市用水量的预测与计算

城市用水量预测的基本方法与计算是指采用一定的理论和方法，有条件地预计城市将来某一阶段的可能用水量。一般以过去的资料为依据，以今后用水趋势、经济条件、人口变化、水资源情况、政策导向等为条件。每种预测方法都是对各种用水条件做出的合理假定，从而通过一定的方法求出预期水量。城市用水量预测与计算涉及未来发展的诸多因素，在规划期内难以准确确定，所以预测结果常常与城市发展实际存在一定差距，一般采用多种方法相互校核。

城市用水量预测的时限一般与规划年限相一致，有近期（5 年左右）和远期（15 ～ 20 年）之分。在可能的情况下，应提出远景规划设想，对未来城市用水量做出预测，以便对城市发展规划、产业结构、水资源利用与开发、城市基础设施建设等提出要求。

（一）城市总体规划中的用水量预测

在城市总体规划阶段，估算城市给水工程统一供水的给水干管管径或预测分区的用水量时，可按照下列几种方法确定。

1. 人均综合指标法

人均综合指标是指城市每日的总供水量除以用水人口所得到的人均用水量。规划时，合理确定本市规划期内人均用水量标准是本法的关键。通常根据城市人均综合用水量的情况，参照同类城市人均用水指标确定。通常，城市中工业用水占有较大比例（50% 以上），参照时要考虑城市的工业结构和规模及发展水平是否类似，不能盲目照搬。

确定了用水量指标后，再根据规划确定的人口数，就可以计算出用水总量，公式如下：

$$Q=Nqk \tag{1-1}$$

式中：Q—— 城市用水量；

N—— 规划期末人口数；

q—— 规划期限内的人均综合用水量标准；

k—— 规划期内用水量普及率。

2. 单位用地指标法

总体规划时，难以精确确定城市中或区域中各类用地的用水情况，因此可确定城市单位建设用地的用水量指标后，根据规划的城市用地规模，推算出城市用水总量。

3. 生长曲线法

前面介绍的方法以过去统计的若干资料为基础，进行经验分析，确定用水量标准。它们只以人口或面积作为变量，忽略了影响用水的其他相关因素，可靠性较差，但计算简单。生长曲线法是依据过去若干年的统计资料，通过建立一定的数学模型，找出影响用水量变化的因素与用水量之间的关系，来预测城市未来的用水量。

从大量的城市生活用水的统计资料来看，其增长过程一般符合生长曲线模型，可用龚珀兹公式来预测：

$$Q=Lexp（-be^{-kt}） \tag{1-2}$$

式中：b、k——待定系数；

Q——预测年限的用水量；

L——预测用水量的上限值；

t——预测时段。

为求出参数 b、k，对原式进行线性变换，得

$$\ln(L/Q)=\ln b-kt \tag{1-3}$$

对式（1-2）采用最小二乘法或线性规划法来确定模型中的参数 b、k，代入式（1-3）则可得预测模型。

确定城市生活用水量的上限值 L 是该法的关键，可用下面的方法：一种是以城市水资源的限量为约束条件，按现有生活用水与工业用水的比值及城市经济结构发展等来确定两类用水间的比例，再考虑其他用水情况，对水源总量进行分配，得到城市综合生活用水的上限值；另一种是参考其他发达国家相类似工业结构的城市，判别城市生活用水量是否进入饱和阶段，从而以其作为类比，确定上限值 L。

在确定了上限值 L 和有了一定城市生活用水数据后，就可以利用式（1-2）进行预测。

4.其他方法

除了上述方法以外，可用于城市总体规划的用水量预测方法还有总年递增率法、线性回归法、城市发展增量法等，每一种预测模型都有其自身适用的范围和条件；要根据城市用水特点加以选择。其根本思路都是按照历史用水量资料，对影响用水量大的因素进行分析，然后进行经验估算或建立模型预测，得出结果。在最充分地利用资料的条件下，选用最能显示其优点的预测方法。规划时，应采用多种方法进行预测，以便相互校核。

（二）城市详细规划中的用水量预测

在城市详细规划设计中，应确定全城或局部地区的最高日用水量及最高日最高时用水量，用于取水工程、管网系统以及水处理厂的规划设计。

1.城市用水量变化

上面谈到的用水量标准只是一个长期统计的平均值，实际上用水量是经常变

化的。因此，在给水系统设计时，除了正确地选定用水量标准外，还必须了解供水对象（如城镇）的逐日、逐时用水量变化情况，以便合理地确定给水系统及各单项工程的设计流量，使给水系统能经济合理地适应供水对象在各种用水情况下对供水的要求。

城市用水量受人们作息时间的影响，总是不断变化的。生活用水量随着气候和生活习惯而变化。例如，夏季比冬季用水多，假日用水比平时高，在一日之内又以早饭、晚饭前后用水量最多。即使不同年份的相同季节，用水量也有较大差异。工业企业生产用水量的变化取决于工艺、设备能力、产品数量、工作制度等因素，如夏季的冷却用水量就明显高于冬季。某些季节性工业的用水量的变化就更大了。当然，也有些生产用水量则变化很小。总之，无论生活用水还是生产用水，其用水量都是经常变化的，只是有变化大小的差异而已。

为了反映用水量逐日、逐时的变化幅度大小，引入了两个重要的特征系数，即日变化系数和时变化系数。

（1）日变化系数常以 K_d 表示，其意义可用下式表达：

$$K_d = \frac{Q_d}{\overline{Q_d}} \tag{1-4}$$

式中：Q_d——最高日用水量，又称最大日用水量，m^3/d，是一年中用水最多一日的用水量，设计给水工程时，是指在设计期限内用水最多一日的用水量；

$\overline{Q_d}$——平均日用水量，m^3/d，是一年的总用水量除以全年给水天数所得的数值，设计给水工程时，是指设计期限内发生最高日用水量的那一年的平均日用水量。

（2）时变化系数常以 K_h 表示，其意义可按下式表达：

$$K_h = \frac{Q_h}{\overline{Q_h}} \tag{1-5}$$

式中：Q_h——最高时用水量，又称最大时用水量，m^3/h，是指在最高日用水量日内用水最多 1 小时的用水量；

$\overline{Q_h}$——平均时用水量，m^3/h，是指最高日内平均每小时的用水量。

式（1-4）、（1-5）中，Q_d、Q_h 及 $\overline{Q_d}$、$\overline{Q_h}$ 分别代表了设计期内及最高日内用

水量的峰值和均值大小。因此，K_d 及 K_h 值实质上显示了一定时段内用水量变化幅度的大小，反映了用水量的不均匀程度。K_d 及 K_h 值可根据多方面长时间的调查研究统计分析得出。

为使设计的给水系统能很好地适应供水对象用水量变化的需要，在进行二级泵站设计和确定调节构筑物的容积时，除了要求出最高时及最高日用水量外，还应知道最高日用水量那一天中 24h 的用水量逐时变化情况，即用水量变化规律。这一规律通常以用水量时变化曲线表示。

2. 用水量的计算

（1）城市最高日用水量：

①居住区最高日生活用水量 Q_1 为：

$$Q_1 = \frac{N_1 q_1}{1000} \tag{1-6}$$

式中：Q_1——居住区最高日生活用水量，m^3/d；

$\quad\quad N_1$——设计期限内规划人口数，人，当用水普及率不及 100% 时，应乘以供水普及率系数；

$\quad\quad q_1$——设计期限内采用的最高用水量标准，L/（人·d）。

②全市性公共建筑生活用水量 Q_2 为：

$$Q_2 = \sum \frac{N_{2i} q_{2i}}{1000} \tag{1-7}$$

式中：Q_2——公共建筑生活用水量，m^3/d；

$\quad\quad N_{2i}$——某类公共建筑生活用水量单位数；

$\quad\quad q_{2i}$——某类公共建筑生活用水量标准。

③工业企业职工生活用水量 Q_3 为：

$$Q_3 = \sum \frac{N_{3i} q_{3i}}{1000} \tag{1-8}$$

式中：Q_3——工业企业职工生活用水量，m^3/d；

$\quad\quad N_{3i}$——工业企业职工生活用水量标准，L/（人·班）；

$\quad\quad q_{3i}$——每班职工人数，人。

④工业企业职工每日淋浴用水量 Q_4 为：

$$Q_4 = \sum \frac{nN_{4i}q_{4i}}{1000} \qquad (1-9)$$

式中：Q_4——工业企业职工淋浴用水量，m^3/d；

$\quad\quad N_{4i}$——工业企业职工淋浴用水量标准，L/（人·班）；

$\quad\quad q_{4i}$——每班职工淋浴人数，人；

$\quad\quad n$——每日班制。

⑤工业企业生产用水量 Q_5：

工业企业生产用水量等于同时使用的各类工业企业或车间生产用水量之和。

⑥市政用水量 Q_6：

$$Q_6 = \frac{n_6 A_6 q_6}{1000} + \frac{A_6' + q_6'}{1000} \qquad (1-10)$$

式中：q_6——街道洒水用水量标准，L/（m^2·次）；

$\quad\quad q_6'$——绿地浇水用水量标准，L/（m^2·d）；

$\quad\quad A_6$——洒水街道面积，m^2；

$\quad\quad A_6'$——绿地面积，m^2；

$\quad\quad n_6$——每日街道洒水次数，次。

⑦未预见用水量（包括管网漏失水量）计算：

未预见用水量一般按最大日用水量的 15% ~ 25% 计算，即

$$Q_7 = (0.15 \sim 0.25)(Q_1+Q_2+Q_3+Q_4+Q_5+Q_6) \qquad (1-11)$$

由上可知，最高日用水量为

$$Q = Q_1+Q_2+Q_3+Q_4+Q_5+Q_6+Q_7 \qquad (1-12)$$

式中：Q——最高日用水量，m^3/d。

（2）城市最高日平均时用水量。从最高日用水量可得到最高日平均时用水量为

$$Q_k = \frac{Q}{24} \qquad (1-13)$$

式中：Q_k——最高日平均时用水量，m^3/h。

取水构筑物的取水量和水厂的设计水量，应以最高日用水量再加上自身用水量计算（必要时还应校核消防补充水量）。水厂自身用水量的大小取决于给水处理方法、构筑物形式以及原水水质等因素，一般采用最高日用水量的 5% ~ 10%。故此，取水构筑物的设计取水量和水厂的设计水量为

$$Q_p = (1.05 \sim 1.10) \frac{Q}{24} = (1.05 \sim 1.10) Q_k \tag{1-14}$$

（3）最高日最高时用水量。同样，从最高日用水量可得到最高日最高时设计用水量为

$$Q_{\max} = K_h \frac{Q}{24} \tag{1-15}$$

式中：$Q_{\max}$——最高日最高时用水量，m^3/h；

　　　K_h——时变化系数。

给水管网设计时，按最高时设计秒流量（单位为 L/s）计算，即

$$q_{\max} = \frac{Q_{\max}}{3600} \tag{1-16}$$

设计给水系统时，常需编制城市逐时用水量计算表和时变化曲线，即将城市各种用水量在同一小时内相加求得逐时的合并用水量。应该注意的是，各种用水的最高时用水量并不是一定同时发生的，因此不能将其直接相加，而应从总用水量时变化表中求出合并后最高时用水量作为设计依据。

第三节　水源选择及取水构筑物

一、城市水源的种类与特点

（一）城市水源的种类与特点

城市水源是指能为人们所开采，经过一定的处理或不经处理即能为人们所利

用的自然水体。给水水源按自然水体的存在和运动形态不同，可分为地下水源和地表水源。地下水源包括上层滞水、潜水（无压地下水）、自流水（承压地下水）、裂隙水、熔岩水和泉水等。地表水源包括江河水、湖泊水、蓄水库水和海水等。

1. 地下水源

地下水源是城市供水的重要来源，特别是在干旱地区，地表水缺乏，供水主要依靠地下水。地下水的来源主要是大气降水和地表水的入渗，渗入水量的多少与降雨量、降雨强度、降雨时间、地表径流和地层构造及其透水性有关。一般年降雨量的 30% ~ 80% 渗入地下补给地下水，至于地下岩层的含水情况则与岩石的地质时代有关。地下水源主要包括以下几类：

（1）上层滞水。上层滞水是存在于包气带中局部隔水层之上的地下水。它的特征是分布范围有限，补给区与分布区一致，水量随季节变化，旱季甚至干枯。因此，只适宜作为少数居民或临时供水水源，并应注意其污染问题。例如我国西北黄土高原某些地区，埋藏的上层滞水成为该区宝贵的水源。

（2）潜水。潜水是埋藏在地表以下，稳定隔水层以上，具有自由表面的重力水。它多存在于第四纪沉积层的孔隙及裸露于地表基岩裂缝和空洞之中。潜水主要特征是有隔水底板而无隔水顶板，潜水是具有自由表面的无压水。它的分布区和补给区往往一致，水位及水量变化较大。我国潜水分布较广，储量丰富，常作为给水水源，但由于易被污染，须注意卫生防护。

（3）承压水。承压水是充满于两隔水层间有压的地下水，又称自流水。当钻孔凿穿地层时，承压水就会上升到含水层顶板以上，如有足够压力，则水能喷出地表，称为自流井。其主要特征是含水层上下部均有隔水层，承受压力，有明显的补给区、承压区和排泄区，补给区和排泄区往往相隔很远。承压水一般埋藏较深，不易被污染。

我国承压水分布广泛，如华北寒武、奥陶纪基岩中的自流盆地；广东雷州半岛、陕西关中平原、山西汾河平原、内蒙古河安平原以及新疆地区等很多山间盆地属自流盆地；北京附近、甘肃河西走廊祁连山等山前洪积平原属山前自流斜地，均含丰富承压水，是我国城市和工业的重要水源。

（4）裂隙水。裂隙水是埋藏在基岩裂隙中的地下水。大部分基岩出露在山区，因此裂隙水主要在山区出现。裂隙水是丘陵地区和山区供水的重要水源，是矿坑水的重要来源。

（5）岩溶水。通常出现在石灰岩、泥灰岩、白云岩、石膏等可溶岩石分布地区，由于水流作用形成溶洞、落水洞、地下暗河等岩溶现象，贮存和运动于岩溶层中的地下水称为岩溶水或喀斯特水。其最明显的特点是分布极不均匀，年内变化较大。岩溶含水系统一般水量丰富、水质优良，常作为大中型供水水源。

（6）泉水。涌出地表的地下水露头称为泉。大气降水渗漏地下顺岩层倾斜方向流动，遇侵入岩体阻挡，承压水出露地表，形成泉水，有包气带泉、潜水泉和自流泉等。

地下水由于受形成、埋藏和补给等条件的影响，具有水质澄清、水温稳定、分布面广等优点。尤其是承压地下水，其上覆盖不透水层，可防止来自地表的渗透污染，具有较好的卫生条件。但是，地下水径流量小，蕴藏量有限，矿化度和硬度较高，部分地区可能出现矿化度很高或其他物质如铁、锰、氟、氯化物、硫酸盐、各种重金属或硫化氢的含量较高的情况。

采用地下水作为城市水源，一般具有以下优点：

①易于选择水源位置，便于靠近用户建立水源，从而降低给水系统（特别是输水管道）的投资，节省了输水运行费用，也提高了给水系统的安全可靠性。

②水质清澈，无须澄清处理，即便水质不符合要求，水处理工艺也比地表水简单，故处理构筑物投资和运行费用都较低。

③取水构筑物构造简单，便于施工和运行管理，便于分期修建，便于建立卫生防护区，易于采取防护措施。

但是，开发地下水源的勘察工作量大，当取水工程规模较大时，往往需要很长时间的水文地质勘察。此外，地下水的可开采量有限，一旦开采，在短期内不可再生。因此，当城镇用水量大，开采量超过可开采量时，就会造成地下水位下降，地面下沉，引发一系列的环境水利问题。

2. 地表水源

地表水主要来自降雨产生的地表径流的补给，属开放性水体，易受污染，通常浑浊度高（汛期尤为突出），水温变幅大，有机物和细菌含量高，有时还有较高的色度，水质水量随季节变化明显，水体分布受地形条件限制。但是，地表水一般径流量大，矿化度和硬度以及铁、锰等物质含量低。地表水源包括江河水、湖泊水、蓄水库水和海水等。

（1）江河水。江河水的主要来源是降雨形成的地表径流，地表径流能冲刷并携带地面的污染物质进入水体，流速较大的江河水，冲刷两岸和河床，并将冲刷物卷入水中。所以，江河水一般浑浊度较大，细菌含量较高。江河水如果流经矿物成分含量高的岩石地区，水中还会含有矿物成分。江河水的主要补给源是降水，水质较软。由于长期暴露在空气中，水中溶解氧的含量较高，稀释和净化能力都较强。

江河水流量的变化对其水质的变化有较大影响。在洪水期，降水进入江河，带入了大量泥沙、有机物和细菌等杂质，使水质恶化、浑浊度升高、水中细菌含量也增多。因大量降雨的稀释作用，水的含盐量和硬度急剧下降。在枯水期，江河水主要由地下水补给，水量较少，流速变缓，浑浊度降低，含盐量却升高，硬度也较大。在寒冷地区，冬季江河表面封冻，水中细菌含量达到一年中的最低值。解冻时，冰面的污染物大量进入水中，积存融雪水流入，细菌含量又随之上升，浑浊度增高，含盐量则降低。除以上自然影响因素外，对水质污染影响最大的还是沿岸排入江河的生活污水和工业废水。它们不仅使水体的物理性状恶化，化学组分改变，并且能因含有毒物质和病原体而引起毒害或水传染疾病的危险。

（2）湖泊及蓄水库水。湖泊及蓄水库水在一般情况下的主要来源是江河水，但也有些湖泊和水库的水来源于泉水。由于湖泊和水库中的水基本处于静止状态，静置沉淀作用使得水产悬浮物大大减少，浑浊度下降。由于湖泊和蓄水库的自然条件利于藻类、水生植物、水生微生物和鱼虾类的生长，使得水中有机物质含量升高，使湖泊和蓄水库水多呈现绿色或黄绿色。

我国南方湖泊较多，可作为给水水源。其特点是水量充沛，水质较清，含悬浮物较少，但水中易繁殖藻类及浮游生物，底部积有淤泥，应注意水质对给水水源的影响。在一般中小河流上，由于流量季节性变化大，尤其在北方，枯水季节往往水量不足，甚至断流，此时，可根据水文、气象、水文地质及地形、地质等条件修建年调节性或多年调节性水库作为给水水源。

（3）海水。随着近代工业的迅速发展，世界上淡水水源日益不足。为满足大量工业用水需要，特别是冷却用水的需求量，世界上许多国家，包括我国在内，已经使用海水作为给水水源。

相对地下水源而言，地表水水源往往受地形条件的限制，不便选取，有时会出现输水管渠过长的情况，既增加了给水系统的投资和运行费用，又降低了给水系统的可靠性。取水构筑物的结构和水处理工艺复杂，投资大，不便于分期建设。水处理的费用也较高，而且不便于卫生防护。

但是，地表水水源的水量充沛，能满足大量的用水需要。因此，在河网较发达的地区，如我国的华东、中南、西南地区的城镇和工业企业区，常常利用地表水作为给水水源。另外，地表水（尤其是江河水）是可逐年再生的资源。因此，合理开发利用地表水资源，往往不易引发环境水利问题。

（二）给水水源保护

给水水源直接为城镇提供生活、生产之用水，选择城镇或工业企业给水水源时，通常都经过详细勘察和技术经济论证，保证水源在水量和水质方面都能满足用户的要求。然而，由于人类生产活动及各种自然因素的影响，例如，未经处理或处理不完全污水的大量排放，农药、化肥大量长期地使用，水土严重流失，对水体的长期超量开采等，常使水源出现水量降低和水质恶化的现象。水源一旦出现水量衰减和水质恶化现象后，就很难在短期内恢复。因此，给水水源的保护应成为整个地区乃至全国性的基本任务，需要科学规划，具体落实保护水源的一系列措施。

水源保护是环境保护的一部分，涉及范围甚广，它包括了整个水体并涉及人类生产活动的各个领域和各种自然因素的影响。

1. 保护给水水源的一般措施

保护给水水源是一个全局性的工作，涉及各部门各领域，单就从技术方面可归纳为以下几方面的措施：

（1）给水工程规划应配合城市经济计划部门制定水资源开发利用专项规划，这是保护给水水源的重要措施。

（2）以政府部门牵头组织专门机构，加强水源管理措施。如实时开展对于地表水源的水文观测和预报。对于地下水源要进行区域地下水动态观测，尤应注意开采漏斗区的观测，以便对超量开采及时采取有效的措施，如开展人工补给地下水、限制开采量等。

（3）协调水利、农林行业，长期做好流域面积内的水土保持工作。因为水土流失不仅使农业遭受直接损失，而且还会加速河流淤积，减少地下径流，导致洪水流量增加和常水流量降低，不利于水量的常年利用。为此，要加强流域面积上的造林和林业管理，在河流上游和河源区要防止滥伐森林。

（4）合理规划城镇居住区和工业区，减轻对水源的污染。对于容易造成污染的工厂，如化工、石油加工、电镀、冶炼、造纸厂等应尽量布置在城镇及水源地的下游。

（5）加强水源水质监督管理，严格执行污水排放标准。

（6）在勘察设计水源时，应从防止污染角度，提出水源合理规划布局的意见，提出卫生防护条件与防护措施。

（7）对于滨海及其他水质较差的地区，要注意由于开采地下水引起的水质恶化问题，如咸水入侵，与水质不良含水层发生水力联系等问题。

（8）以政府支持，协会组织，进行水体污染调查研究，建立水体污染监测网。水体污染调查要查明污染来源、污染途径、有害物质成分、污染范围、污染程度、危害情况与发展趋势。地下水源要结合地下水动态观测网点进行水质变化观测。地表水源要在影响其水质范围内建立一定数量的监测网点。建立水体监测网点的目的是及时掌握水体污染状况和各种有害物质的分布动态，便于及时采取措施，防止对水源的污染。

2. 给水水源卫生防护

对选定好的水源及取水场址，还应建立具体的卫生防护要求及防护措施。生活饮用水水源保护区由环保、卫生、公安、城建、水利、地矿等部门共同划定，报当地人民政府批准公布，供水单位应在防护地带设置固定的告示牌，落实相应的水源保护工作。给水水源卫生防护地带的范围和防护措施应符合下列要求。

（1）地表水水源卫生防护要求：

①取水口周围半径100m的水域内，严禁捕捞、水产养殖、停靠船只、游泳和从事其他可能污染水源的任何活动。

②取水口上游1000m至下游100m的水域不得排入工业废水和生活污水；其沿岸防护范围内不得堆放废渣，不得设立有毒、有害化学物品的仓库，不得设置堆栈或装卸垃圾、粪便和有毒物品的码头；不得使用工业废水或生活污水灌溉及施用有持久性毒性或剧毒的农药，并不得从事放牧等有可能污染该段水域水质的活动。

③受潮汐影响的河流，其生活饮用水取水点上游及其沿岸的水源保护区范围应相应扩大，其范围由供水单位及其主管部门会同卫生、环保、水利等部门研究确定。

④作为生活饮用水水源的水库和湖泊，应根据不同情况，将取水点周围部分水域或整个水域及其沿岸划为防护范围，并按规定执行。

⑤对生活饮用水水源的输水明渠、暗渠，应重点保护，严防污染和水量流失。

⑥给水水厂生产区范围应明确划定并设立明显标志，在生产区外围不小于10m的范围内，不得设置生活居住区和修建禽畜饲养场，渗水厕所、渗水坑；不得堆放垃圾、粪便、废渣或铺设污水渠道；应保持良好的卫生状况和绿化。

（2）地下水源卫生防护：

①生活饮用水地下水水源保护区、取水构筑物的防护范围及影响半径的范围，应根据生活饮用水水源地所处的地理位置、水文地质条件、供水的数量、开采方式和污染源的分布，由供水单位及其主管部门会同卫生、环保及规划设计、水文地质部门研究确定，其防护措施应按地表水给水水厂生产区要求执行。

②在单井或井群影响半径范围内，不得使用工业废水或生活污水灌溉和施用有持久性毒性或剧毒的农药，不得修建渗水厕所、渗水坑、堆放废渣或铺设污水渠道，不得从事破坏深层土层的活动。

③在地下水水厂生产区范围内，应按地表水水厂生产区要求执行。

④人工回灌的水质应符合生活饮用水水质要求。

（3）卫生防护的建立与监督。水源和水厂卫生防护地带具体范围、要求、措施应由水厂提出具体意见，然后取得当地卫生部门和水厂的主管部门同意后报请当地人民政府批准公布。水厂要积极组织实施，在实施中要主动取得当地卫生、公安、水上交通、环保、农业与规划、建设部门的确认与支持。卫生防护地带建立以后要做经常性检查，发现问题要及时解决。

（三）城市水源的选择

城市给水水源选择是城市位置选择的重要条件。水源选择是否良好，往往成为决定新建城市建设和发展的重要因素之一。因此，规划城市时应充分注意城市水源选择，不可草率。对城市的水源选择应进行深入调查研究，全面搜集有关城市水源的水文、气象、地形、地质等资料，进行城市水资源勘测和水质分析。

在城市给水系统规划中，应根据城市近远期发展规模，对下列因素进行技术经济比较，从而确定城市给水水源。

1. 水源应该有足够的水量

水源具有充沛的水量，满足城市近、远期发展的需要：天然河流（无坝取水）的取水量应不大于河流枯水期的可取水量；地下水源的取水量应不大于可开采储量。采用地表水源时，须先考虑从天然河道和湖泊中取水的可能性，其次可采用拦河筑坝蓄水库水，而后考虑需调节径流的河流。地下水径流量有限，一般不适用于用水量很大的情况。

2. 给水水源的水质应该良好

所选水源应当水质良好，水量充沛，便于防护。工业企业生产用水的水源水质则应根据生产要求而定。水源水质不仅要考虑现状，还要考虑远期变化趋势。对于水量而言，除保证当前生活、生产的需求外，还要满足城镇远期发展的要求。地下水水源的取水量不应大于可开采量。天然河流（无坝取水）的取水量应不大于该河流枯水期可取水量（一般为枯水流量的 15% ~ 25%），当取水量占枯水流量的比例很大时，则应对可取水量做充分论证。取水量的保证率对中小城镇为 90% 以上，大中城市为 95% 以上。

3. 综合考虑，统筹安排各部门的用水

选择水源时应考虑与取水工程有关的其他各种条件，如当地的水文、水文地质、工程地质、地形、卫生和工程施工等方面的条件。

选择水源时，必须配合经济计划部门制定水资源开发利用规划，全面考虑，统筹安排，正确处理给水工程与各有关部门，如农业、水力发电、航运、木材流运、水产、旅游、环境及排水等方面的关系，以求合理地综合利用和开发水资源。特别是对于水资源比较贫乏的地区，综合开发利用水资源，对本地区的全面发展具有决定性的意义。例如，处理后的城市污水可用于灌溉农田和水产养殖，工业给水系统中可采用循环给水，提高水的复用率，减少水源取水量，以解决城镇用水或工业用水与农业灌溉等用水之间的矛盾。沿海地区淡水缺乏，河流与地下水均受海水入侵的影响，一方面可以利用海水作为某些工业企业的给水水源，尽量减少淡水取水量；另一方面可采取"蓄淡避咸"措施，以防止潮汐对取水工程的影响。例如，上海宝山钢铁公司为供应生产所用淡水，在长江出口南支的罗泾地区建有一座有效容积为 930 万 m^3 的蓄淡避咸水库，当江水含盐量低时，直接从江中取水，同时给水库蓄水；当江中含盐高时，即关闭水库进水口，并从水库中取水。

4.加强备用水源的建设，保证安全供水

为了保证安全供水，大、中城市应考虑多水源分区供水，小城市也应有远期备用水源。无多水源时，结合远期发展，应设两个以上取水口。

城市水源的选择在考虑到技术上可行的同时，还必须考虑到经济上合理，使水源的开发以最小的投入得到最大的经济效益。切不可轻率从事，以免由于水源选择不当给城市和工业区的发展建设带来不良后果。

（四）城市备用水源的选择

1.备用水源的重要性

作为人口集中的城市，单一水源是很危险的，一旦水源发生危险，就会造成社会恐慌，引起严重的社会后果，因此必须采取各种措施，创造条件，开展后备水源建设。备用水源的建设是解决城市饮用水安全问题必要的措施。首先，备用水源的建设是可持续发展的具体体现，可为城市遇到特枯年或连续干旱年提供安全储备水源。第二，备用水源的建设可有效地避免重大水污染事件带来的安全隐患。如松花江苯胺污染事故导致哈尔滨市长时间停水，造成了巨大的经济损失；广东北江和湖南湘江发生的镉污染事故，对沿江城市居民的身体健康带来较大危害。如果这些城市建有备用水源，这类问题可有效地解决。第三，备用水源的建设是城市发展的需要，可以弥补城市供水的不足。城市规模、现代化和工业化的不断发展导致对水资源需求日益增加。最后，备用水源的建设是解决城市居民对饮用水水质要求不断提高的有效方法。因此，开发建设备用水源是给城市供水安全加一把安全锁，也是实现全面建设小康社会目标、构建社会主义和谐社会的重要内容，是把以人为本真正落到实处的一项紧迫任务，非常必要，具有重大意义。

2.备用水源的分类

备用水源是整个城市应急供水系统的基础和关键，备用水源按照水源类型可以分为地表水备用水源、地下水备用水源、外区域调水备用水源等。

地表水备用水源主要是利用湖泊、水库等具有存储、调节径流的作用，能够缓解供水、需水在时空分布上的矛盾，改变可供水量的时空分布。城市备用供水系统应进一步挖掘城市地表水资源潜力，新建或利用城市原有调蓄水工程，建设城市备用水源。

地下水备用水源是利用地下潜水或者承压水等作为备用水源。深层地下水水质好，不易遭受污染，能够保证一定时期内连续稳定地供水，是理想的应急备用水源。深层地下水作为一种特殊类型的应急备用水源，应保证其在非常情况下充分发挥应急作用，同时又不至于产生恶劣的环境地质问题，应急深井开采期间，应加强水质监测，防止地表水体污染影响地下水水质，确保供水安全。

外区域调水备用水源主要是指邻近城市之间供水取自不同的河流，在此基础上修建城市或区域之间输水干管，从而实现异地联网供水，发挥区域联合供水的功能，当其中有一城市发生应急供水时，其他城市或区域可作为备用水源。如江苏省的苏州、无锡、常州三市之间实现了本地城乡联网供水，应急时期苏、锡、常三地互为备水源。

有些城市受地理位置的局限，水源单一，一旦遭遇非常供水的情况，整个地区会出现无水可供的局面：在我国北方的广大缺水地区如天津、济南、大连等，属于资源型缺水地区，当地可利用的水资源量很少，不靠外源性补给，就不可能解决城市应急水源问题。在这些地区可以根据相邻流域供需水量进行流域间水量平衡，采取跨流域、区域引水等措施，建立城市应急供水备用水源，提高区域自救能力，保证在特殊情况下国民经济仍能持续、稳定地发展。

3. 备用水源的选择

城市供水水源选择规划时，除了要满足水源的水量和水质标准外，水源地不能过于单一化。各水厂或者部分水厂要有相对独立的水源地，这样即使某个水源地发生突发性的水量或水质问题，其他水厂仍然能够正常或者超负荷供水，从而满足需要，避免大面积停水。备用水源的选择除了满足一般水源选择的要求外，还要从水资源、水环境、水生态、水景观、水安全的角度多方面的考虑；其次选择备用水源时，要协调考虑备用输水管道的建设。

二、地下取水构筑物

众所周知，取水构筑物位置的选择是否恰当，直接关系到整个给水系统的组成、投资、工作的经济效益、运行管理、安全可靠性及使用寿命。取水构筑物位置选择的重要性应首先立足于供水的安全可靠性，位置选择的重要性还在于投资的经济性。

（一）位置选择

地下水取水构筑物的位置选择主要取决于水文地质条件和用水要求。在选择地点时应考虑下列基本情况：

（1）取水地点应与城市或工业的总体规划相适应，以及水资源开发利用规划相适应。

（2）应位于出水丰富、水质良好的地段。不同地段的水文地质条件选择取水地点的实践经验表明：

①在山间河谷地区的河流两岸大都有厚度不大的第四纪地层沉积物，常形成多级台地及河漫滩，形成良好的蓄水构造，地下水与河水关系密切，枯水季节地下水常补给河水，丰水季节河水补给地下水。在这些地区设置地下水取水构筑物适宜平行河流布置在河漫滩或一级台地上，以便同时截取地下水和河流渗透水。

②在山前平原地区，许多冲积扇、洪积扇连成一片，成为山前倾斜平原，其上部含水层常由卵石、砾石、粗沙等组成，厚度较大，水量较充沛，水质较好。因此，取水构筑物适宜设在冲积扇、洪积扇的中上部并与地下水流方向垂直布置。

③在平原地区分布有巨厚的第四纪层，常见的为冲积层。在河床附近，通常含水层较厚，透水性较好，且与河水有密切联系，是优先考虑的取水地段。远离河床地区含水层薄，有时还夹有黏土质。在一些大的河流中间，有广阔的沙洲和滩地，经常受河水补给，往往是取水的良好地段。

（3）应尽可能靠近主要用水地区。

（4）应有良好的卫生防护措施，免遭污染。在易污染地区，城市生活饮用水的取水地点应尽量设在居民区或工业区的地下径流上游。

（5）应注意地下水的综合开发利用。

（二）地下取水构筑物

由于地下水类型、埋藏深度、含水层性质等各不相同，开采和收集地下水的方法和取水构筑物形式也各不相同。地下取水构筑物有管井、大口井、辐射井、复合井及渗渠等，其中以管井和大口井最为常见。

1. 管井

管井由其井壁和含水层中进水部分均为管状结构而得名。通常用凿井机械开凿，故而俗称机井。常见的管井构造由井室、井壁管、过滤器及沉淀管所组成。按照过滤器是否贯穿整个含水层可分为完整井和非完整井。管井施工方便，适应性强，能用于各种岩性、埋深、含水层厚度和多层次含水层的取水工程。所以，管井是地下水取水构筑物中应用广泛的一种形式。

管井直径一般为 50 ～ 1000mm，井深可达 1000m 以上。

2. 大口井

大口井与管井一样，也是一种垂直建造的取水井，由于井径较大，故名大口井。大口井有完整式和非完整式之分。大口井是广泛用于开采浅层地下水的取水构筑物。大口井的一般构造，它主要由井筒、井口及进水部分组成。

大口井直径一般为 5 ～ 8m，最大不宜超过 10m，井深一般在 15m 以内。由于施工条件限制，我国大口井多用于开采埋深小于 12m，厚度在 5 ～ 20m 的含水层。大口井具有构造简单，取材容易，使用年限长，容积大，能兼起调节水量作用等优点，在中小城镇、铁路，农村供水采用较多。但大口井深度浅，对水位变化适应性差，采用时必须注意地下水位变化的趋势。

3. 辐射井

辐射井是由集水井与若干辐射状铺设的水平或倾斜的集水管（辐射管）组合而成。按集水井本身取水与否，辐射井分为两种形式：一是集水井底（即井底进水的大口井）与辐射管同时进水；二是井底封闭，仅由辐射管集水。前者适用于厚度较大的含水层（5 ～ 10m），但大口井与集水管的集水范围在高程上相近，互相干扰影响较大，后者适用于较薄的含水层（≤ 5m）。

辐射井是一种适应性较强的取水构筑物，具有产水量较高、集中管理、占地省、便于卫生防护等优点，但是施工难度较高。

4. 渗渠

渗渠通常由水平集水管、集水井、检查井和泵站所组成，可用于集取浅层地下水；也可铺设在河流、水库等地表水体之下或旁边，集取河床地下水或地表渗透水。由于集水管是水平铺设的，也称水平式地下水取水构筑物。

渗渠的埋深一般在 4 ～ 7m，很少超过 10m。因此，渗渠通常只适用于开采埋藏深度小于 2m 厚度小于 6m 的含水层。渗渠也有完整式和非完整式之分。

地下水取水构筑物形式的选择，应根据含水层埋藏深度、含水层厚度、水文地质特征以及施工条件等通过技术经济比较确定。

（三）地下水取水构筑物的选择

选择地下水取水构筑物的形式，应考虑地下含水层埋藏形式、埋藏深度、含水层厚度、水文地质特征以及施工条件等因素。

1. 管井选择

管井是应用最广地下水取水形式，适用于埋藏较深、厚度较大的含水层，井深几十米至百余米，甚至几百米，管井口径通常在 500mm 以下，作为城镇取水设施大多采用井群。单口管井一般用钢管做井壁，在含水层部位设滤水管进水，防止沙砾进入井内。单井出水量一般为每日数百至数千立方米。管井的提水设备一般为深井泵或深井潜水泵。

管井主要适用条件：

（1）含水层厚度大于 4m，其底板埋藏深度大于 8m。

（2）适应于开采深层地下水，在深井泵性能允许的情况下，不受地下水埋深限制。

（3）适应性强，能用于各种岩性、埋深、含水层厚度和多层次含水层，应用范围最为广泛。

2. 大口井选择

大口井适用于埋藏较浅的含水层。取水泵房可以和井身合建也可分建，也有几个大口井用虹吸管相连通后合建一个泵房的。大口井由井壁进水或与井底共同进水，井壁上的进水孔和井底均应填铺一定级配的沙砾滤层，以防取水时进沙。单井出水量一般较管井为大。

大口井主要适用条件：

（1）用于集取浅层地下水，底板埋藏深度小于 15m，含水层厚度在 5m 左右。

（2）适用于任何沙石、卵石、砾石层，但渗透系数最好大于 20m/d。

（3）含水层厚度大于 10m 时应做成非完整井。

（4）比较适合中小城镇、铁路及农村的地下水取水构筑物。

辐射井适用于厚度较薄、埋深较大、沙粒较粗而不含漂卵石的含水层。辐射井单井出水量一般在 2 万 ~ 4 万 m³/d，高者可达 10 万 m³/d。适用于含水层厚度在 10m 以内；适应性较强，适用于不能用大口井开采的、厚度较薄的含水层及不能用渗渠开采的厚度薄、埋深大的含水层。

渗渠适用于集取浅层地下水、河床渗透水和潜流水。当间歇河谷河水在枯水期流量小，水浅甚至断流，而含水层为砾石或卵石，厚度小于6m时，采用渗渠取水常比较有效。埋设的集水管口径一般为0.5~1.0m，长度为数十米至数百米，管外设置由沙子和级配砾石组成的反滤层，出水量一般为20~30m³/（m·d）。渗渠位置应设在含水层较厚且无不透水夹层地段，宜在靠近河流主流的河床稳定、水流较急、水位变幅较小的直线或凹岸河段，以便获得充足水量和避免淤积。有时也可修建拦河坝，以增加河流水位，提高集水量。适用于底板埋藏深度小于6m，含水层厚度小于5m的浅层地下水；适用于中沙、粗沙、砾石或卵石层。

三、地表取水构筑物

地表水水源一般水量较充沛，分布较广泛，因此很多城市及工业企业常常利用地表水作为给水水源。由于地表水水源的种类、性质和取水条件各不相同，因而地表水取水构筑物有多种形式。按水源分有河流、湖泊、水库、海水取水构筑物，按取水构筑物的构造形式分有固定式（岸边式、河床式、斗槽式等）和活动式（浮船式、缆车式等）两种。在山区河流上，则有带低坝的取水构筑物和低栏栅式取水构筑物。

下面将讲述取水构筑物位置的选择、取水构筑物的形式和构造等方面的问题。

（一）位置选择的要求

取水构筑物位置选择得是否恰当，直接影响取水的水质和水量、取水的安全可靠性、投资、施工、运行管理以及河流的综合利用。因此，正确选择取水构筑物位置是设计中十分重要的问题之一，应当深入现场做好调查研究，全面掌握河流的特性；根据取水河段的水文、地形、地质、卫生等条件，全面分析，综合考虑，提出多个可能的取水位置方案，进行技术经济比较。在条件复杂时，还需进行水工模型试验，从中选择最优的方案。

选择江河取水构筑物位置时，应考虑以下基本要求：

1. 设在水量充足、水质较好的地点，易位于城镇和工业区的上游河段

生活和生产污水排入河流将直接影响取水水质。为了避免污染，取得较好水质的水，取水构筑物的位置宜位于城镇和工业企业上游的清洁河段。在污水排放

口的上游 100m 以上。

取水构筑物应避开河流中的回流区和死水区，以减少进水中的泥沙和漂浮物。在沿海地区受潮汐影响的河流上设置取水构筑物时，应考虑到咸潮的影响，尽量避免吸入咸水。河流入海处，由于海水涨潮等原因，导致海水倒灌，影响水质。设置取水构筑物时，应注意这一现象，以免日后对工业和生活用水造成危害。

2. 具有稳定的河床和河岸，靠近主流，有足够的水深

在弯曲河段上，取水构筑物位置宜设在河流的凹岸。河岸凸岸，岸坡平缓，容易淤积，深槽主流离岸较远，一般不宜设置取水构筑物。但是如果在凸岸的起点，主流尚未偏离时，或在凸岸的起点或终点，主流虽已偏离，但离岸不远有不淤积的深槽时，仍可设置取水构筑物。

在顺直河段上，取水构筑物位置宜设在河床稳定、深槽主流近岸处，通常也就是河流较窄、流速较大、水较深的地点。在取水构筑物处的水深一般要求不小于 2.5 ~ 3.0m。

在有边滩、沙洲的河段上取水时，应注意了解边滩、沙洲形成的原因，移动的趋势和速度，取水构筑物不适宜设在可移动的边滩、沙洲的下游附近，以免日后被泥沙堵塞。

在有支流入口的河段上，由于干流和支流涨水的幅度和先后各不相同，容易形成堑水，产生大量的泥沙沉积。若干流水位上涨，支流水位不涨时，则对支流造成壅水，致使支流上游泥沙大量沉积。相反，支流水位上涨，干流水位不深时，又将沉积的泥沙冲刷下来，使支流含沙量剧增。在支流出口处，由于流速降低，泥沙大量沉积，形成泥沙堆积锥。因此，取水构筑物应离开支流出口处上下游有足够的距离。

3. 具有良好的地质、地形及施工条件

取水构筑物应设在地质构造稳定、承载力高的地基上，不宜设在淤泥、流沙、滑坡、风化严重和岩熔发育地段。在地震地区不宜将取水构筑物设在不稳定的陡坡或山脚下。取水构筑物也不宜设在有宽广河漫滩的地方，以免进水管过长。

选择取水构筑物位置时，要尽量考虑到施工条件，除要求交通运输方便，有足够的施工场地外，还要尽量减少土石方量和水下工程量，以节省投资，缩短

工期。

　　水下施工不仅困难，而且费用甚高。因此，在选择取水构筑物时，应充分利用地形及地质条件，尽量减少水下施工量。例如，某厂利用长江深槽陡壁处建造取水构筑物，枯水期在露头岩盘上开凿暗渠引水，取水头部岩石留在最后定向爆破，从而避免了水下施工，节约了大量投资。山区河流有时利用河中出面的礁石作为取水头部的支墩，在礁石与河岸之间修筑短围堰，敷设自流管，以减少水下施工量。

　　4. 靠近主要用水地区

　　取水构筑物位置的选择应与工业布局和城市规划相适应，全面考虑整个给水系统（输水管线、净水厂、二级泵房等）的合理布置。在保证取水安全的前提下，取水构筑物应尽可能靠近主要用水地区，以缩短输水管线的长度，减少输水管的投资和输水电费。此外，输水管的敷设应尽量减少穿过天然（河流、谷地等）或人工（铁路、公路等）障碍物。

　　5. 应注意河流上的人工构筑物或天然障碍物

　　河流上常见的人工构筑物（如桥梁、码头、丁坝、拦河坝等）和天然障碍物，往往引起河流水流条件的改变，从而使河床产生冲刷或淤积，故在选择取水构筑物位置时必须加以注意。

　　6. 避免冰凌的影响

　　在北方地区的河流上设置取水构筑物时，应避免冰凌的影响。取水构筑物应设在水内冰凌少和不受流冰冲击的地点，而不宜设在易于产生水内冰的急流、冰穴、冰洞及支流出口的下游，尽量避免将取水构筑物设在流冰易于堆积的浅滩、沙洲、回流区和桥孔的上游附近。在水内冰较多的河段，取水构筑物不宜设在冰水混杂地段，而宜设在冰水分层地段，以便从冰层下取水。

　　7. 应与河流的综合利用相适应

　　在选择取水构筑物位置时，应结合河流的综合利用，如航运、灌溉、排洪、水力发电等，全面考虑，统筹安排。在通航的河流上设置取水构筑物时，应不影响航船的通行，必要时应按照航道部门的要求设置航标；应注意了解河流上下游近远期内拟建的各种水工构筑物（水坝、水库、水电站、丁坝等）和整治规划对取水构筑物可能产生的影响。

　　取水构筑物的设计最高水位应按照100年一遇的频率确定。城市供水水源的设计最小流量大的保证率，一般采用 90% ~ 97%，设计枯水位的保证率，一般采用 90% ~ 99%。

此外，在湖泊、水库取水时，取水构筑物位置应注意不要选择在湖岸芦苇丛生处附近，海水取水构筑物还要考虑潮汐和风浪造成的水位波动及冲击力等对取水构筑物的影响。

（二）地表取水构筑物类型

1. 江河取水构筑物

（1）岸边式取水构筑物。直接从江河岸边取水的构筑物，称为岸边式取水构筑物，是由进水间和泵房两部分组成的，属于固定式取水构筑物。它适用于江河岸边较陡，主流近岸，岸边有足够的水深，水质和地质条件较好，水位变幅不大的情况。按照进水间与泵房的合建与分建，岸边式取水构筑物可分为合建式和分建式。

①合建式岸边取水构筑物。合建式取水构筑物是进水间与泵房合建在一起，设在岸边。河水经过进水孔进入进水间的进水室，再经过格网进入吸水室，然后由水泵抽送至水厂或用户。在进水孔上设有格栅，用以拦截水中粗大的漂浮物。设在进水间中的格网用以拦截水中细小的漂浮物。

合建式的优点是布置紧凑，占地面积小，水泵吸水管路短，运行管理方便，因而采用较广泛，适用在岸边地质条件较好时。但合建式土建结构较复杂，施工较困难。当地基条件较好时，进水间与泵房的基础可以建在不同的标高上，呈阶梯式布置。这种布置可以利用水泵吸水高度以减小泵房深度，有利于施工和降低造价，但水泵启动时需要抽成真空。

合建式用于河岸较陡、主流近岸、岸边有足够水深、水位变化幅度较大的情况使用。

②分建式岸边取水构筑物。当岸边地质条件较差，进水间不宜与泵房合建时，或者分建对结构和施工有利时，则宜采用分建式。分建式土建结构简单，施工较容易，但操作管理不便，吸水管路较长，增加了水头损失，运行安全性不如合建式。分建式适用于地质条件较差、进水间不易于泵房合建时，或者水下施工有困难时。

（2）河床式取水构筑物。河床式取水构筑物与岸边式基本相同，属于固定式取水构筑物，但用伸入江河中的进水管（其末端设有取水头部）来代替岸边式进水间的进水孔。因此，河床式取水构筑物是由泵房、进水间（注：河床式取水构筑物，将进水间称为集水间或集水井）、进水管（即自流管或虹吸管）和取水头部等部分组成。当河床稳定，河岸较平坦，枯水期主流离岸较远、岸边水深不够或水质不好，而河中又具有足够水深或较好水质时，适宜采用河床式取水构筑物。河床式取水构筑物的布置，河水经取水头部的进水孔流入，沿进水管流至集水间，然后由泵抽走。集水间与泵房可以合建，也可以分建。

按照进水管形式的不同，河床式取水构筑物有以下类型：

①自流管取水。集水间与泵房合建和分建的自流管取水构筑物，河水通过自流管进入集水间。由于自流管淹没在水中，河水靠重力自流，工作较可靠。但敷设自流管时，开挖土石方量较大，适用于自流管埋深不大时，或者在河岸可以开挖隧道以敷设自流管时。

在河流水位变幅较大、洪水期历时较长、水中含沙量较高时，为了避免在洪水期引入底层含沙量较多的水，可在集水井井壁上开设高水位进水孔，或者设置高水位自流管，以便在洪水期取上层含沙量较少的水。

②虹吸管取水。河水通过虹吸管进入集水井中，然后由水泵抽走。当河水水位高于虹吸管顶时，无须抽真空即可自流进水；当河水水位低于虹吸管顶时，需先将虹吸管抽真空方可进水。在河滩宽阔、河岸较高，且为坚硬岩石，埋设自流管需开挖大量土石方，或管道需要穿越防洪堤时采用。由于虹吸管高度最大可达7m，与自流管相比提高了埋管的高程，因此可大大减少水下土石方量，缩短工期，节约投资。但虹吸管对管材及施工质量要求较高，运行管理要求严格，集水井须保证严密不漏气；需要装置真空设备，工作可靠性不如自流管。

③水泵直接吸水。不设集水间，水泵吸水管直接伸入河中取水。由于可以利用水泵吸水高度以减小泵房深度，又省去集水间，故结构简单，施工方便，造价较低。在不影响航运时，水泵吸水管可以架空敷设在桩架或支墩上。为了防止吸水头部被杂草或其他漂浮物堵塞，可利用水泵从一个头部吸水管抽水，向另一个被堵塞的头部吸水管进行反冲洗。这种形式一般适用于水中漂浮物不多、吸水管不长的中小型取水泵房。

河床式取水构筑物的适用范围较广，当集水井建在岸内时，可免受洪水冲刷和流水冲击。但是，由于取水头部和进水管经常淹没在水下，故检修不方便，遇有泥沙、水草和冰凌堵塞时，清洗较困难。

④桥墩式取水。整个取水构筑物建在水中，在进水间的壁上设置进水孔。由于取水构筑物建在江内，缩小了水流过水断面，容易造成附近河床冲刷，因此基础埋深较大、施工较复杂。此外，还需要设置较长的引桥与岸边连接，非但造价昂贵，而且影响航运，故只宜在大河、含沙量较高、取水量较大、岸坡平缓、岸边无建泵房条件的情况下使用。

（3）斗槽式取水构筑物。在岸边式或河床式取水构筑物之前设置"斗槽"进水，称为斗槽式取水构筑物，属于固定式取水构筑物。按照水流进入斗槽的流向，可分为顺流式、逆流式和双流式。

斗槽是在河流岸边用堤坝围成的，或者在岸内开挖的进水槽，目的在于减少泥沙和冰凌进入取水口。由于斗槽中的流速较小，水中泥沙易于在斗槽中沉淀，水内冰容易上浮。因此，斗槽式取水构筑物适宜在河流含沙量大、冰凌较严重、取水量较大、地形条件合适时采用。

斗槽式取水构筑物的位置应设在凹岸靠近主流的岸边处，以便利用水力冲洗沉积在斗槽内的泥沙。斗槽式取水构筑物由于施工量大、造价较高、排泥困难，并且要有良好的地质条件，因而采用较少。

（4）浮船式取水构筑物。浮船式取水构筑物实质上是漂浮在水面上的一级泵站。所谓浮船式，就是把水泵安装漂浮在水面的船上取水。浮船适用于河流水位变幅较大（10～35m 或以上），水位变化速度不大于 2m/h，枯水期有足够水深，水流平稳，河床稳定，岸边具有 20°～30° 坡角、无冰凌，漂浮物少，不受浮筏、船只和漂木撞击的河流。浮船式取水构筑物也广泛用于水库取水，其优越性十分显著。

浮船式取水构筑物具有投资少、建设快、易于施工（无复杂的水下工程）、有较大的适应性与灵活性、能经常取得含沙量较少的表层水等优点。因此，在我国西南、中南等地区应用较广泛。目前一只浮船的最大取水能力已达每日 $30 \times 10^4 m^3$。但它也存在缺点，例如：河流水位涨落时需要移动船位，阶梯式连接时尚需拆换接头以致短时停止供水，操作管理较麻烦；浮船还要受到水流、风浪、航运等的影响，安全可靠性较差。

浮船有木船、钢板船以及钢丝网水泥船等，一般做成平底囤船形式，平面为矩形，断面为梯形或矩形，浮船布置需保证船体平衡与稳定，并需布置紧凑和便于操作管理。

浮船与输水管的连接应是活动的，以适应浮船上下左右摆动的变化，目前有两种形式：

①阶梯式连接。阶梯式连接又分为刚性联络管和柔性联络管两种连接方式。刚性联络管阶梯式连接，它使用焊接钢管，两端各设一球形万向接头，最大允许转角22°，以适应浮船的摆动。由于受联络管长度和球形万向接头转角的限制，在水位涨落超过一定高度时，则需移船和换接头。

②摇臂式连接。在岸边设置支墩或框架，用以支承连接输水管与摇臂管的活动接头，浮船以该点为轴心随水位、风浪而上下左右移动。

（5）缆车式取水构筑物。缆车式取水构筑物由泵车、坡道或斜桥、输水管和牵引设备等部分组成，属于移动取水构筑物。当河流水位涨落时，泵车由牵引设备带动，沿坡道上的轨道上下移动。

缆车式取水构筑物位置宜选择在河岸地质条件较好，并有10°～28°的岸坡处为宜。河岸太陡，则所需牵引设备过大，移车较困难；河岸平缓，则吸水管架太长，容易发生事故。

2. 湖泊和水库取水构筑物

地表水取水构筑物形式，很多也适合湖泊、水库取水，如岸边式取水形式、江心桥墩式取水、移动式取水形式等。由于湖泊、水库水体与江河水文特征不同，岸边地形、地貌特殊，有些取水方式比较适合于湖泊、水库的取水工程，如与坝体合建分层取水、与泄水口合建分层取水、自流管式取水、隧洞式取水和引水明渠取水等。

（1）隧洞式取水和引水明渠取水。隧洞式取水构筑物可采用水下岩塞爆破法施工，即在选定的取水隧洞的下游端，先行挖掘修建引水隧洞，在接近湖底或库底的地方预留一定厚度的岩石——岩塞，最后用水下爆破的办法，一次炸掉预留的岩塞，从而形成取水口。这一方法在国内外均已获得应用。

（2）分层取水的取水构筑物。这种取水方式适用于深水湖泊或水库。在不同季节、不同水深，深水湖泊或水库的水质相差较大，例如，在夏秋季节，表层水藻类较多，在秋末这些漂浮生物死亡沉积于库底或湖底，因腐烂而使水质恶化发臭。采用分层取水的方式，可以根据不同水深的水质情况，取得低浊度、低色度、无嗅的水。

由于深水湖或水库的水质随水深及季节等因素变化，因此大都采用分层取水方式，即从最优水质的水层取水。分层取水构筑物可常与水库坝、泄水口合建。一般取水塔可做成矩形、圆形或半圆形。塔身上一般设置 3 ~ 4 层喇叭管进水口，每层进水口高差一般 4 ~ 8m，以便分层取水。最底层进水口应设在死水位以下约 0.2m。进水口上设有格栅和控制闸门。进水竖管下面接引水管，将水引至泵站吸水井。引水管敷设于坝身廊道内，或直接埋设在坝身内。泵站吸水井一般做成承压密闭式，以便充分利用水库的水头。

在取水量不大时，为节约投资，亦可不建取水塔，而在混凝土坝身内直接埋设 3 ~ 4 层引水管取水。

（3）自流管式取水构筑物。在浅水湖泊和水库取水，一般采用自流管或虹吸管把水引入岸边深挖的吸水井内，然后水泵的吸水管直接从吸水井内抽水（与河床式取水构筑物类似），泵房与吸水井既可合建，也可分建。

以上为湖泊水库常用的取水构筑物类型，具体选择时应根据水文特征和地形、地貌、气象、地质、施工等条件进行技术经济比较后确定。

3. 海水取水构筑物

海水取水构筑物主要有下列 3 种形式。

（1）引水管渠取水。当海滩比较平缓时，用自流管或引水渠引水。如自流管式海水取水构筑物，它为上海某热电厂和某化工厂提供生产冷却用水，日供水量为 125 万吨。自流管为两根直径 3.5m 的钢筋混凝土管，每根长 1600m，每条引水管前端设有 6 个立管式进水口，进口处装有塑料格栅进水头。

（2）岸边式取水。在深水海岸，岸边地质条件较好、风浪较小、泥沙较少时，可以建造岸边式取水构筑物从海岸边取水，或者采用水泵吸水管直接伸入海岸边取水。

（3）潮汐式取水。如在海边围堤修建蓄水池，在靠海岸的池壁上设置若干潮门。涨潮时，海水推开潮门，进入蓄水池；退潮时，潮门自动关闭，泵站自蓄水池取水。这种取水方式节省投资和电耗，但清除池中沉淀的泥沙较麻烦。有时蓄水池可兼作循环冷却水池，在退潮时引入冷却水，可减少蓄水池的容积。

第四节　给水处理及水厂

一、给水处理方法

从水源取得而未经过处理的水中不同程度地含有各种各样的杂质。杂质按尺寸大小可分成悬浮物、胶体和溶解物。

给水处理的任务是通过必要的处理方法去除水中杂质，使处理后的水质符合生活饮用或工业使用要求。水处理方法应根据水源水质和用水对象对水质的要求进行确定。在给水处理中，为了达到某一种处理目的，往往几种方法结合使用。

（一）常规水处理方法

"混凝－沉淀－过滤－消毒"为生活饮用水的常规处理工艺，"混凝－沉淀－过滤"通常称为澄清工艺。以地表水为水源的水厂主要采用这种工艺流程，处理对象主要是水中悬浮物和胶体杂质。原水加药后，经混凝使水中悬浮物和胶体形成絮体，而后通过沉淀池进行重力分离，然后利用粒状滤料过滤截留水中杂质，用以进一步降低水的浑浊度。完善而有效的混凝、沉淀和过滤，不仅能有效地降低水的浊度，对水中某些有机物、细菌及病毒等的去除也具有一定的效果。消毒是灭活水中的致病微生物，通常在过滤以后进行。主要消毒方法是在水中投加消毒剂。当前我国采用的消毒剂是氯、二氧化氯、次氯酸钠、臭氧、漂白粉等。消毒工艺是保证饮用水安全的一道有力屏障。

1. 混凝

混凝处理是向水中加入混凝剂，通过混凝剂的水解或缩聚反应而形成的高聚物的强烈吸附与架桥作用，是胶粒被吸附黏结或者通过混凝剂的水解产物来压缩胶体颗粒的扩散层，达到胶粒脱稳而相互聚结的目的。混凝过程包括凝聚和絮凝两个阶段。混凝工艺与沉淀设备相结合可以去除原水中的悬浮物和胶体，降低出水的浊度、色度；能去除水中的微生物，污水中的磷、重金属等有机和无机污染物；可以改善水质，有利于后续处理。

2. 絮凝

絮凝过程就是在外力作用下，具有絮凝性能的微絮粒相互接触碰撞，从而形成更大的稳定的絮粒，以适应沉降分离的要求。为了达到完善的絮凝效果，在絮凝过程中要给水流适当的能量，增加颗粒碰撞的机会，并且不使已经形成的絮粒被破坏。絮凝过程需要足够的反应时间。在水处理构筑物中絮凝池是完成絮凝过程的设备，它接在混合池后面，是混凝过程的最终设备。通常与沉淀池合建。

絮凝池的形式近年来有很多，大致可以按照能量的输入方式不同分为水力絮凝和机械搅拌絮凝两类。

水力絮凝是利用水流自身的能量，通过流动过程中的阻力给液体输入能量。其水力式搅拌强度随水量的减小而变弱。目前，水力絮凝的形式主要有隔板絮凝、折板絮凝、网格絮凝和穿孔旋流絮凝。相应的构筑物为隔板絮凝池、折板絮凝池、网格絮凝池、旋流絮凝池。

机械絮凝是通过电机或其他动力带动叶片进行搅动，使水流产生一定的速度梯度。絮凝过程不消耗水流自身的能量，其机械搅拌强度可以随水量的变化进行相应的调节。机械絮凝可以有水平轴絮凝和垂直轴絮凝。目前主要采用的是桨板式搅拌器的絮凝池。

选择絮凝池的形式主要考虑絮凝效果、处理水量规模、原水水质条件、工程造价和日常费用、水厂的运行经验等因素。

（1）隔板絮凝池。隔板絮凝池是较常用的一种絮凝池，分为往复式和回转式两种。

往复式隔板絮凝池中，水流以一定速度在隔板之间来回往复通过，水流在转折处做180°转弯，水流速度由大逐渐减小。往复式隔板絮凝池在转折处局部水头损失较大，在絮凝后期絮凝体容易破碎。

回转式隔板絮凝池中，水流从池的中间进入，逐渐回流转向外侧，水流在转折处做90°转弯。回转式隔板絮凝池的局部水头损失大大减小，有利于避免絮粒被破坏，但是减少了颗粒的碰撞机会。

考虑到上述两种絮凝池的优缺点及絮凝效果，可以将两种絮凝池相结合。水流先经过往复式隔板絮凝池，再进入回转式隔板絮凝池。

隔板絮凝池构造简单，管理方便，絮凝效果比较好。其缺点是絮凝时间较长，占地较大，流量变化大时，效果不稳定。

（2）折板絮凝池。折板絮凝池是近年来发展的一种絮凝池布置形式，它是把池内呈直线的隔板改成呈折线的隔板。折板絮凝池根据折板相对位置的不同可以分为异波折板和同波折板两种。絮凝池的布置方式按照水流方向可分为竖流式和平流式，目前多采用竖流式。按照水流通过折板间隙数，折板絮凝池可以布置成多通道或单通道。折板絮凝池一般在前段布置异向折板，中间布置同向折板，后段布置一般的竖流隔板。

（3）网格絮凝池。网格絮凝池是在池内沿流程一定距离的过水断面中设置网格。水流通过网格时，相继收缩、扩大，形成漩涡，造成絮粒碰撞。其构造一般由安装多层网格的多格竖井组成，各竖井之间的隔墙上面上、下交错开孔。各竖井的过水断面尺寸相同，平均流速相同。

网格絮凝池的絮凝效果较好，絮凝时间相对较少，水头损失小。其缺点是网眼易堵塞，池内平均流速较低，容易积泥。

（4）机械絮凝池。机械絮凝池是利用电机经减速装置带动搅拌器对水流进行搅拌，使水中的颗粒相互碰撞，完成絮凝的絮凝池。目前我国的机械絮凝采用旋转的方式，搅拌器采用桨板式，搅拌轴有水平式和垂直式两种。机械搅拌絮凝池一般采用多格串联，适应 G 值的变化，提高絮凝效果。

机械絮凝池的絮凝效果好，可以根据水质、水量的变化随时改变桨板的转速，水头损失少。缺点是增加机械维修工作。

机械絮凝池适用于各种水质、水量及变化较大的原水。可与其他类型的絮凝池组合使用。一般与沉淀池的宽度和深度相同。

3. 沉淀

水中悬浮物颗粒依靠重力作用，从水中分离出来的过程称为沉淀。用于沉淀的构筑物称为沉淀池。原水经投药、混合与絮凝过程后，水中悬浮杂质已经形成粗大的絮凝体，在沉淀池中分离出来，使水达到澄清。沉淀池出水的浑浊度一般在 10NTU 以下。

给水处理中的沉淀池根据水在池中流动的方向不同分为平流式、辐流式和斜管（板）沉淀池。

4. 澄清

澄清是利用原水中的颗粒和池中积聚的沉淀泥渣相互接触碰撞、混合、絮凝，形成絮凝体，与水分离，从而使原水得到澄清的过程。

澄清池是将絮凝和沉淀综合在一个池内完成的净水构筑物。澄清池基本上分为泥渣悬浮型澄清池和泥渣循环型澄清池两大类。

泥渣悬浮型的工作原理，是絮粒既不沉淀也不上升，处于悬浮状态，当絮粒集结到一定厚度时，形成泥渣悬浮层。加药后的原水由下向上通过时，水中的杂质充分与泥渣层的絮粒接触碰撞，并且被吸附、过滤而截流下来。此种类型的澄清池常用的有脉冲澄清池和悬浮澄清池。

泥渣循环型澄清池是利用机械或水力的作用，使部分沉淀泥渣循环回流，增加与原水中的杂质接触碰撞和吸附的机会。泥渣一部分沉积到泥渣浓缩室，而大部分又被送到絮凝室重新工作，泥渣如此不断循环。机械搅拌澄清池中泥渣循环是借机械抽力形成的，水力循环澄清池中泥渣循环是借水力抽力形成的。

选择何种类型的澄清池，主要考虑原水水质、水温、出水水质要求，生产规模和水厂的总体布置、地形等因素。

（1）机械搅拌澄清池。机械搅拌澄清池由第一絮凝室和第二絮凝室及分离室组成。池体上部是圆筒形，下部是截头圆锥形。它利用安装在同一根轴上的机械搅拌装置和提升叶轮，使加药后的原水通过环形三角配水槽的缝隙均匀进入第一絮凝室，通过搅拌叶片缓慢回转，水中的杂质和数倍于原水的回流活性泥渣凝聚吸附，处于悬浮状态，再通过提升叶轮将泥渣从第一絮凝室提升到第二絮凝室继续混凝反应，凝结成良好的絮粒。从第二絮凝室出来经过导流室进入分离区。在分离区内，由于过水断面突然扩大，流速急速降低，絮状颗粒靠重力下沉与水进行分离。沉下的泥渣大部分回流到第一絮凝室，循环流动，形成回流泥渣。回流流量为进水流量的 3 ~ 5 倍。小部分泥渣进入泥渣浓缩斗，定时经排泥管排至室外。

机械搅拌澄清池的单位面积产水量较大，出水浊度一般不大于 10NTU，适用于大、中型水厂。

无机械刮泥时，进水浊度一般不超过 500NTU，短时间内不超过 1000NTU；有机械刮泥时，进水浊度一般为 500 ~ 3000NTU，短时间内不超过 5000NTU。原水浊度常年较低时，形成泥渣层困难，将影响澄清池净水效果。

（2）水力循环澄清池。水力循环澄清池也属于泥渣循环分离型澄清池。它主要由喷嘴、混合室、喉管、第一絮凝室、第二絮凝室、分离室、进水集水系统与排泥系统组成。其工作原理是利用进水管中水流本身的动能，将絮凝后的原水以射流形式喷射出去，通过水射器的作用吸入回落的活性泥渣以加快吸附凝聚，最后经分离澄清后得到所需的净水。其工作流程为：投加絮凝剂后的原水从池底中心的进水管端喷嘴以中高速射入喉管，在混合室形成负压，在负压作用下将数倍于原水的沉淀泥渣从池子的底部吸入喉管，并在其中使之与原水以及加入原水中的药剂，进行剧烈而均匀的瞬间混合，从而大大增强了悬浮颗粒的接触碰撞。然后进入面积逐渐扩大的第一絮凝室，由于面积的扩大，流速也相应地减小。絮粒不断地凝聚增大，形成良好的团绒体进入分离室。在分离室内，水流速度急速下降，致使泥渣在重力作用下下沉与水流分离，清水继续向上流，溢流入集水槽。沉下的泥渣一部分沉积到泥渣浓缩室，定期经排泥管排走以保持泥渣平衡，大部分泥渣又被吸入喉管进行回流，如此周而复始，不断地将水净化流出。

（3）脉冲澄清池。脉冲澄清池属于悬浮澄清池，也是利用水流上升的能量来完成絮体的悬浮和搅拌作用。它主要是利用脉冲发生器，将进入水池的原水，脉动地放入池底配水系统，在配水管的孔口处以高速喷出，并激烈地撞在"人"字稳流板上，使原水与混凝剂在配水管与稳流板之间的狭窄空间中，以极短的时间进行充分的混合和初步絮凝，形成微絮粒。然后通过稳流板缝隙整流后，以缓慢的速度垂直上升，在上升过程中，絮粒则进一步凝聚，逐渐变大变重而趋于下沉，但因上升水流的作用而被托住，形成了悬浮泥渣层。由于悬浮泥渣有一定的吸附性能，在进水"脉动"的作用下，悬浮泥渣层有规律地上下运动，时疏时密。这样有利于絮粒的继续碰撞和进一步接触絮凝，同时也能使悬浮泥渣层的分布更均匀。当水流上升至泥渣浓缩室顶部后，因断面突然扩大，水流速度变慢，因此，过剩的泥渣流入浓缩室，从而使原水得到澄清，并向上汇集于集水系统而流出。过剩的泥渣则在浓缩室浓缩后排出池外。

脉冲澄清池主要由脉冲发生器系统、配水稳流系统（中央落水渠、配水干渠、多孔配水支管、稳流板）、澄清系统（悬浮层、清水区、多孔集水管、集水槽）、排泥系统（泥渣浓缩室、排泥管）组成。

脉动澄清池可以适应大流量，池子较浅，一般为 4～5m。混合均匀，布水较均匀。无水下的机械设备，机械维修工作少。对水质和水量的变化适应性较差，操作管理不易掌握。处理效率较低。目前在新建工程中采用不多。

脉冲澄清池池子体可为圆形、矩形或方形。进水悬浮物含量一般小于

3000mg/L，短时间允许达到 5000 ~ 10000mg/L。

5. 过滤

过滤一般是指通过过滤介质的表面或滤层截留水体中悬浮固体和其他杂质的过程。对于大多数地面水处理来说，过滤是消毒工艺前的关键处理手段，对保证出水水质有十分重要的作用，特别是对浊度的去除。

按照滤池的冲洗方式，滤池分为水冲洗滤池和气水反冲洗滤池；按照滤池的布置，分为普通快滤池、双阀滤池、无阀滤池、虹吸滤池、移动冲洗罩滤池、V形滤池等；按照滤池冲洗的配水系统，分为小阻力、中阻力、大阻力配水系统滤池。

（1）普通快滤池。普通快滤池又称为四阀滤池，是应用历史最久和应用较广泛的一种滤池。其构造主要包括池体、滤料层、承托层、配水系统、反冲洗排水系统，每格滤池的进水、出水、反冲洗进水和排水管上设置阀门，用以控制过滤和反冲洗交错进行。

普通快滤池的工作过程包括过滤和冲洗两部分。过滤时，开启进水支管与清水支管的阀门，关闭冲洗支管阀门与排水阀。原水经进水总管、支管进入浑水渠后流入滤池，经过滤料层、承托层后，由配水系统的配水支管汇集起来，再流经配水系统干管渠、清水支渠、清水总管进入清水池。随着过滤时间的增长，滤料层中的杂质数量不断增加，滤料间的孔隙不断减小，水流阻力不断增大。当水头损失增加到一定值时，滤池的滤速降低较多或者滤后水的水质较差不合格时，滤池进行反冲洗。

反冲洗时，关闭进水支管和清水支管的阀门。开启排水阀与冲洗支管阀门。冲洗水在压力作用下由冲洗水总管、支管、经配水系统的干管、支管及支管上的许多孔眼流出，由下而上穿过承托层及滤料层，均匀地分布于整个滤池平面上。滤料层在由下而上均匀分布的水流中处于悬浮状态，滤料得到清洗。冲洗废水流入冲洗排水槽，再经浑水渠、排水管、废水渠排掉。反冲洗一直进行到滤料基本洗净为止。反冲洗结束后，过滤重新开始。

根据单池面积的大小，普通快滤池可以采用大阻力、中阻力和小阻力配水系统。冲洗可以采用单水冲洗或气水反冲洗。普通快滤池的滤料大多采用单层滤料，也可用双层滤料。根据滤池规模的大小，可以采用单排或双排布置。普通快滤池的运转效果良好，反冲洗效果能够得到保证。但是由于阀门较多，操作较其他滤池稍复杂。

适用于大、中、小型水厂，每格池面积一般不宜超过 $100m^2$。

（2）虹吸滤池。一组虹吸滤池由 6 ~ 8 格组成，采用小阻力配水系统。利用真空系统控制滤池的进出水虹吸管，采用恒速过滤，变水头的方式。

虹吸滤池的工作过程：

过滤时，浑水通过进水槽进入环形配水槽，经过进水虹吸管流入单格滤池进水槽，再经过进水堰流入布水管进入滤池。进入滤池的水顺次通过滤料层，经过配水系统进入集水槽，再由出水管流到出水井，经过清水管流入清水池。由于各格的滤池进、出水量不变，随着过滤水头损失逐渐增大，滤池内的水位不断上升。当某一格的滤池内水位上升到最高设计水位时，过滤停止，反冲洗开始。反冲洗时，该格的进水虹吸管的真空被破坏，进水停止。滤池内水位逐渐下降，当滤池内水位下降显著变慢时，冲洗虹吸管抽成真空形成虹吸。开始阶段，滤池内的剩余水通过冲洗虹吸管排出。当滤池水位低于集水槽的水位时，反冲洗开始。当滤池的水位降到冲洗排水槽的顶端时，反冲洗强度达到最大值。滤料冲洗干净后，破坏冲洗虹吸管的真空，反冲洗停止。进水虹吸管又开始工作，过滤重新开始。

滤池反冲洗时利用本身的出水及其水头进行冲洗，以代替高位水箱或冲洗水泵；不需要大型阀门及相应的开闭控制设备；滤后水水位高于滤料层，滤料层内不至于发生负水头现象；与普通快滤池相比池体较深，一般在 5m 左右；不能排出初滤水；冲洗强度随水量的降低而降低，冲洗效果不稳定；虹吸滤池保持滤层的清洁和提高滤出水水质的能力不如普通快滤池。

虹吸滤池的滤料可以采用单层滤料或双层滤料。虹吸滤池平面可以布置成圆形、矩形或多边形，一般以矩形较好。

（3）虹吸式双阀滤池。虹吸双阀滤池是进水和冲洗水排水的阀门由虹吸管来代替，只用滤后水和反冲洗进水两座阀门，其他构造基本上与普通快滤池相同。虹吸双阀滤池保持了大阻力配水系统的特点，适用于大中型滤池。由于省去了两座阀门，降低了工程造价。其配水、冲洗方式、设计数据等设计要求与普通快滤池相同。

双阀滤池的进水、排水虹吸管可以分设在滤池的两侧，也可以设于滤池的一侧。虹吸管真空形成可以采用真空泵或水射器。虹吸管与真空系统设计要求见虹吸滤池部分。

（4）无阀滤池。无阀滤池是将滤池与冲洗水箱结合为一体的布置形式。无阀滤池有重力式和压力式两种。两者工作原理和设计参数相同。无阀滤池节省大型阀门，造价较同规模的普通快滤池低；反冲洗完全自动，操作管理较方便，工作稳定可靠；在运转过程中滤层内不会出现负水头；滤池的池体结构复杂；滤料处于封闭结构中，装、卸困难，并且不能观察到滤池整个冲洗情况；冲洗水箱位于滤池上部，出水标高较高，相应抬高了滤前处理构筑物的标高，影响水厂的总体高程布置。滤池冲洗时，进水管仍然进水并被排走，浪费了一部分澄清水，并且增加了虹吸管管径。

6. 消毒

消毒主要是借助物理法和化学法杀灭水中的致病微生物。物理法主要有加热法、超声波法、紫外线照射、γ射线照射、X射线照射、磁场、微电解法。化学法主要有卤素族消毒剂（液氯或氯气、漂白粉或漂白精、氯氨、次氯酸钠、二氧化氯、溴及溴化物、碘）、氧化剂（臭氧、过氧化氢）。其中液氯、漂白粉（漂粉精）、次氯酸钠、二氧化氯、臭氧用于饮用水消毒的研究与应用较多。

（二）特殊水处理方法

1. 除臭、除味

当原水中臭和味严重，而采用澄清和消毒工艺系统不能达到水质要求时才采用。除臭、除味的方法取决于水中臭和味的来源。例如：对于水中有机物所产生的臭和味，可用活性炭吸附或氧化法去除；对于溶解性气体或挥发性有机物所产生的臭和味，可采用曝气法去除；因藻类繁殖而产生的臭和味，可采用微滤机或气浮法去除藻类，也可在水中投加除藻药剂；因溶解盐类所产生的臭和味，可采取适当的除盐措施等。

2. 除铁、除锰

含铁和含锰的地下水在我国分布很广。铁和锰可共存于地下水中，但含铁量往往高于含锰量。地下水或湖泊、蓄水库的深层水中，由于缺少溶解氧，水中的铁、锰为Fe^+和Mn^{2+}。当铁、锰含量超过标准（铁的浓度为0.3mg/L，锰的浓度为0.1mg/L）的规定时，原水须经除铁、除锰处理。

地下水除铁、除锰是氧化还原反应过程，将溶解状态的铁、锰氧化成为不溶解的三价铁和四价锰的化合物，再经过滤即可达到去除目的。除铁锰的方法有曝气氧化法、曝气接触氧化法、化学氧化法、混凝法、碱化法、离子交换法、稳定处理法、生物氧化法。除铁采用曝气接触氧化法或曝气自然氧化法，除锰则多采用曝气接触氧化法。

3.除氟

氟是有机体生命活动所必需的微量元素之一，但长期饮用高氟水会引起氟中毒，典型病症是氟斑牙（斑袖齿）和氟骨症。

除氟方法基本可分成三类：第一类是用骨炭、活性氧化铝、沸石进行吸附与离子交换的物理分离法，是除氟比较经济有效的方法；第二类是采用氢氧化铝、氯化铝和硫酸铝等铝盐絮凝沉淀或采用氧化钙、氢氧化钙、氯化钙、石灰等钙盐共沉的化学方法；第三类是采用电解、电渗析法的电化学法。

选择除氟方法应根据水质、规模、设备和材料来源经过技术经济比较后确定。当处理水量较大时，宜选用活性氧化铝法；当除氟的同时要求去除水中氟离子和硫酸根离子时，宜选用电渗析法。絮凝沉淀法适合含氟量偏低的除氟处理，这是由于除氟所需的絮凝剂投加量远大于除浊要求的投加量，容易造成氯离子或硫酸根离子超过标准。

二、给水处理厂设计

（一）给水厂设计内容

给水厂的设计内容一般包括：根据城镇或工业区的给水规划选择厂址；根据水源的水质及要求的水质标准选择（包括必要的试验工作）净水工艺流程和净水构筑物形式；确定药剂（包括混凝剂、助凝剂）品种、投加量及投加方式；选择消毒方法及投加设备；安排辅助生产及附属生活建筑物；进行水厂的总体布置（平面与高程）及厂区道路、绿化和管线综合布置；编制水厂定员表；编制工程概算及主要设备材料表。在完成上述工作过程中应根据设计要求搜集资料；进行设计、计算与绘图工作。

（二）给水厂设计原则

（1）水处理构筑物的生产能力，应以最高日供水量加水厂自用水量进行设计，并以原水水质最不利情况进行校核。

水厂自用水量主要用于滤池冲洗及沉淀池或澄清池排泥等方面。自用水量取决于所采用的处理方法、构筑物类型及原水水质等因素。

（2）水厂应按近期设计，考虑远期发展。根据使用要求和技术经济合理性等因素，对近期工程亦可作分期建造的安排。对于扩建、改建工程，应从实际出发，充分发挥原有设施及泵房等，其土建部分应一次建成，而混凝沉淀构筑物、滤池等可按分期建设考虑。

（3）水厂设计中应考虑各构筑物或设备进行检修、清洗及部分停止工作时，仍能满足用水要求。例如，主要设备（如水泵机组）应有备用。

（4）水厂内机械化和自动化程度，应本着提高供水水质和供水可靠性，降低能耗、药耗，提高科学管理水平和增加经济效益的原则，根据实际生产要求、技术经济合理性和设备供应情况，妥善确定，逐步提高。

（5）设计中必须遵守设计规范的规定。如果采用现行规范中尚未列入的新技术、新工艺、新设备和新材料，则必须通过科学论证，确保行之有效，方可付诸工程实际。但对于确实行之有效、经济效益高、技术先进的新工艺、新设备和新材料，应积极采用，不必受现行设计规范的约束。

以上内容同样适用于地下水源水厂设计，只是水厂内的构筑物与地表水源水厂不同。

（三）给水厂厂址选择

给水厂厂址选择应在整个给水系统设计方案中全面规划，综合考虑，通过技术、经济比较确定，保证总体的社会效益、环境效益和经济效益。厂址选择的好坏对建设进度、投资大小、运行管理、环境保护及今后发展诸多方面都会带来重大的影响。

选择厂址时，一般应考虑以下几个问题：

（1）符合城市或工业区总体规划及给水规划确定的给水系统对厂址的要求。

（2）选择在工程地质条件较好的地方，在有抗震要求的地区还应考虑地震、地质条件。一般选在地下水位低、承载力较大、湿陷性等级不高、岩石较少的地层，以减少基础处理和排水费用以及降低工程造价和便于施工。避免设在易受洪水威胁的地段，否则应考虑防洪措施。

（3）厂址的选择应注意与当地的自然环境相协调，厂址周围的环境应注意卫生和安全防护条件，厂址宜放在绿化地带内，避免设在污染较大的工厂附近、闹市地区。

（4）厂址应尽量设置在水、电、运输及其他公用工程、生活设施较方便的地区。

（5）厂址应选在有扩建条件的地方，为今后发展留有余地，尽量不占良田。

（6）当取水地点距离用水区较近时，水厂一般设置在取水构筑物附近，通常可考虑与取水构筑物建在一起。

当取水地点距离用水区较远时，厂址选择有两种方案：一是将水厂设置在取水构筑物附近；另一种是将水厂设置在离用水区较近的地方。前一种方案主要优点是水厂和取水构筑物可集中管理；节省水厂自用水的输水费用并便于沉淀池排泥和滤池冲洗水排除；特别是浊度较高的原水。但从水厂至主要用水区的输水管道口径要增大，管道承压较高，从而增加了输水管道的造价，特别是当城镇用水量逐时变化系数较大及输水管道较长时，或者需在主要用水区增设配水厂（消毒、调节和加压），净化后的水由水厂送至配水厂，再由配水厂送入管网。这样也增加了给水系统的设施和管理工作。后一种方案优缺点与前者正相反。对于高浊度水源，也可将预沉构筑物与取水构筑物建在一起，水厂其余部分设置在主要用水区附近。以上不同方案应综合考虑各种因素并结合其他具体情况，通过技术经济比较确定。

（四）给水厂处理方案

进行给水厂设计，要选择确定净化处理方案。处理方案能否达到预期的净化效果，将是检验一个给水厂设计质量的重要标志。

给水厂处理方案的主要内容包括：水处理工艺流程的选择；水处理药剂的选择；水处理构筑物和设备形式的选择和计算（药剂配制与投加设备、混合设备、絮凝池、沉淀（澄清）池、滤池及其反冲洗设施、消毒设备等）；进行合理的流程安排和组合；确定出其他生产辅助构筑物或设备；在特殊情况下的处理工艺流程与措施（如超越管的设置、多处加药点的设置等）。

1.确定处理方案的依据

（1）水质情况。

①究竟哪些水质项目必须处理。一般来说，凡是原水水质不符合用水水质

指标的项目都要进行处理。但是，有时会碰到某一个不合格的水质项目，处理起来很困难，花费很大，同时对使用时的影响暂时还未明确，这时我们应做具体分析，可能不在净水厂处理，而由用户自行处理。另外，当原水水质超过指标的时间只是暂时的，或者是短期的，如果处理较麻烦，也应该权衡轻重，决定是否处理。

②当原水水质变化很大时，究竟用哪个数值作为处理的依据，这是设计的标准之一，含沙量的变化就是例子。如果采用最高的含沙量来设计，那么就可能加大了沉淀池，也增加了排泥水量，同时加药量也会增加，因此投资就可能多。在这种情况下，就要考虑采用较低或平均含沙量来设计，同时考虑高含沙量时的具体解决措施，例如减少进水量、加大投药量或暂时降低出水水质标准等。

（2）供水量的要求，例如要求的安全程度和保证率等。

（3）水处理试验资料，决定药剂种类、投量和影响因素、沉降速度的取值、预氯处理的必要性等。

（4）水厂所在地区的有关具体条件，如药剂和建筑材料供应，技术水平和管理经验等。

（5）对计量设备、水质检验及自动化程度的要求，没有适当的计量仪表和水质检验设备，就不能得出处理的水量、水质、原材料消耗、劳动生产率、成本、利润等经济指标。设备的自动化不单纯是减轻管理工作，更重要的是为了做到严格控制工艺过程，达到安全经济供水的目的。

总之，水厂处理方案的选择，决定于水源水质、用户对水质的要求、生产能力、当地条件，并参考水处理试验资料和相似条件下给水厂的运转管理经验，通过技术经济比较综合研究决定。

2.确定处理方案，选择处理工艺流程

水质随不同的水源而变化，因此，当确定取用某一水源后，必须十分清楚该水源的水质情况。根据用水要求达到的水质标准，分析研究原水水质中哪些项目是必须进行处理的，哪些项目通过给水厂解决，哪些项目需单独处理解决。根据需要处理的内容，选择处理工艺流程。选择工艺流程时，应遵循以下原则：

（1）工艺流程应根据原水性质和用水要求选择，其处理程度和方法应符合现行的国家和地方的有关规定，处理后水质应符合有关用水的标准要求。

（2）应综合考虑建厂规模、投资费用和运行费用，参照相似条件下水厂的运行经验，结合当地实际财力，进行技术经济比较后确定。

（3）应充分利用当地的地形、地质、水文、气象等自然条件及自然资源。

（4）流程选择应妥善处理技术先进和合理可行的关系，并考虑远期发展对水质水量的要求，考虑分期建设的可能性。

（5）流程组合的原则应当是先易后难，先粗后细，先成本低后成本高的方法。

选择处理工艺流程时，最好根据同一水源或参照水源水质条件相似的已建给水厂运行经验来确定。有条件时并辅以模型或模拟试验加以验证。当无经验可参考，或拟采用某一新工艺时，则应通过试验，经试验证明能达到预期效果后，方可采用。

3.选择适宜的药剂品种和确定最佳用量

通常，不同水质的原水，其适宜的药剂品种和最佳用量也不相同。因此选择适宜药剂和最佳用量的方法，最好参照同一水源或与原水水质相似的已建给水厂的经验，但应注意其混凝条件（混合、反应、加药点等）、不同的混凝条件、所取得的混凝效果是有差异的，有时这个差异很大。

选择适宜药剂品种和最佳用量的另一种方法，是通过烧杯搅拌试验求得。经验证明，搅拌试验可以比较满意地选择出适宜的药剂及其最佳用量。选择净水药剂时应注意，当用于生活饮用水时，不得含有对人体健康有害的成分，如选用由工业废料配制成的药剂时，应取得当地卫生监督部门的同意；当用于工业用水时，不应含有对生产及其产品有不良影响的成分。

此外，在选择净水药剂时，还应进行不同药剂及用量的经济比较，了解药剂供应情况，当几种药剂比较结果相近或相同时，应选择对容器及设备腐蚀性较低的药剂。

4.水处理构筑物类型选择

混凝、沉淀、过滤等过程主要是通过其相应的水处理构筑物来完成的。同一过程有着不同形式的处理构筑物，而且都具有各自特点，包括它的工艺系统、构造形式、适应性能、设备材料要求、运行方式、管理和维护要求等。同时，其建造费用和运行费用也是有差异的。因此，当确定处理工艺流程后，应进行水处理构筑物类型的选择，并通过技术经济比较确定。

5.给水厂平面布置

给水厂平面布置是水厂各构筑物之间相互关系的总体设计。它是从工艺流程、操作联系、生产管理以及物料运输等各个方面考虑而进行的组合布置。水厂布置内容应包括水厂的平面布置和高程布置。

另外，还应设堆沙场、堆料场等。生产构筑物及建筑物平面尺寸根据水厂的生产能力，通过设计计算确定。生活辅助建筑物面积应按水厂管理体制、人员编制和当地建筑标准确定。生产辅助建筑物面积根据水厂规模、工艺流程和当地具体情况确定。

当各构筑物和建筑物的个数和面积确定之后，根据工艺流程和构筑物及建筑物的功能要求，结合水厂地形和地质条件，进行平面布置。

处理构筑物一般均分散露天布置。北方寒冷地区应采用室内集中布置，并考虑冬季供暖设施。集中布置比较紧凑，占地少，便于管理和实现自动化操作。但结构复杂，管道立体交叉多，造价较高。

水厂平面布置主要内容包括：各种构筑物和建筑物的平面定位，各种管道、阀门及管道配件的布置，排水管（渠）布置，道路、围墙、绿化及供电线路的布置等。进行水厂平面布置时，应考虑下述几点要求：

（1）功能分区，配置得当。在有条件时，最好把生产区和生活区分开，尽量避免非生产人员在生产区通行和逗留，以确保生产安全。生活区尽量放置在厂区前，使厂区总体环境美观、协调、运输联系方便。

（2）布置紧凑，力求处理工艺流程简短、顺畅并便于操作管理。如沉淀池或澄清池应紧靠滤池，二级泵房尽量靠近清水池。但各构筑物之间应留出必要的施工、检修间距和管（渠）道位置。在北方寒冷地区，尽可能将有关处理设施合建于一个构筑物内。对于城镇中的中、小型水厂，可将辅助建筑物合并建造，以方便管理、降低造价。

（3）充分利用地形，力求挖填土方平衡以减少填、挖土方量和施工费用。例如沉淀池应尽量布置在厂区内地势较高处，清水池尽量布置在地势较低处。

（4）各构筑物之间连接管（渠）应简捷、减少转弯，尽量避免立体交叉，并考虑施工、检修方便。此外，有时也需设置必要的超越管道，以便某一构筑物停产检修时，保证必须供应的水量采取应急措施。

（5）建筑物布置应尽可能注意朝向和风向。如加氯间和氯库应尽量设在水厂夏季主导风向的下风向，泵房等常有人操作的地方应布置成坐北朝南向。

6.给水厂高程布置

高程布置是通过计算确定各处理构筑物标高、连接管渠的尺寸与标高，确定是否需提升，并绘制流程的纵断面图。

给水厂处理构筑物的高程布置，应根据地形条件，结合构筑物之间的高程差进行合理布置。一般应考虑如下原则：

（1）尽量适应地形。充分利用原有地形坡度，优先采用重力流布置，并满足净水流程中的水头损失要求。

（2）当地形有一定坡度时，构筑物和连接管（渠）可采用较大的水头损失值；当地形平坦时，为避免增加填、挖土方量和构筑物造价，则采用较小的水头损失值。在认真计算并留有余量的前提下，力求缩小全程水头损失及提升泵站的总扬程，以降低运行费用。

（3）应考虑厂区内各种构筑物排水、排泥和放空，一般均应采取重力排放的方式；在特殊情况下，可考虑抽力排放。

（4）考虑远期发展，水量增加的预留水头。

7.处理构筑物及连接管的水头损失

处理构筑物之间水面高差即为流程中的水头损失，包括构筑物本身、连接管道、计量设备、阀门等水头损失在内。水头损失应通过计算确定，并留有余地。

当各项水头损失确定后，便可进行构筑物高程布置。构筑物高程布置与厂区地形、地质条件及所采用的构筑物形式有关。当地形有自然坡度时，有利于高程布置；当地形平坦时，高程布置中既要避免清水池埋入地下过深，又应避免絮凝池、沉淀池或澄清池在地面上架得过高而增加造价。尤其当地质条件差、地下水位高时，其影响造价的因素更多。

8.流程标高计算

为了确定给水厂各构筑物、管渠、泵房的标高，应进行整个流程的标高计算，计算时应选择距离最长、损失最大的流程，并按最大设计流量计算。给水厂流程标高计算步骤如下：

（1）确定原水的最低水位。

（2）一级泵房在最低水位、最大取水量时的吸水管路水头损失，确定水泵轴心标高和泵房底板标高，计算出水管路的水头损失，计算出水管至配水井内的水头损失。

（3）计算从配水井到滤池之间各构筑物内部的水头损失及各构筑物间的水头损失。

（4）计算滤池至清水池的水头损失。

（5）由清水池最低水位计算至二级水泵的轴心标高。

第二章　城市排水系统工程规划

第一节　城市排水系统的体制和组成

一、概述

在人们的日常生活和生产活动中都要使用水。水在使用过程中受到了污染，成为污水，需进行处理与排除。此外，城市内降水（雨水和冰雪融化水），径流流量较大，亦应及时排放。将城市污水、降水有组织地排除与处理的工程设施称为排水系统。在城市规划与建设中，对排水系统进行全面统一安排，称为城市排水工程规划。

城市排水可分为三类，即生活污水、工业废水和降水径流。城市污水是指排入城市污水管道的生活污水和工业废水的总和。

生活污水、工业废水以及降水的来源和特征如下：

（一）生活污水

是指人们在日常生活中所产生的污水。来自住宅、机关、学校、医院、商店、公共场所及工厂的厕所、浴室、厨房、洗衣房等处排出的水。这类污水中含有较多的有机杂质，并带有病原微生物和寄生虫卵等。

（二）工业废水

是指工业生产过程中所产生的废水，来自工厂车间或矿场等地。根据它的污染程度不同，又分为生产废水和生产污水两种。

1. 生产废水

是指生产过程中，水质只受到轻微污染或仅是水温升高，可不经处理直接排放的废水，如机械设备的冷却水等。

2. 生产污水

是指在生产过程中，水质受到较严重的污染，需经处理后方可排放的废水。其污染物质，有的主要是无机物，如发电厂的水力冲灰水；有的主要是有机物，如食品工厂废水；有的含有机物、无机物，并有毒性，如石油工业废水、化学工业废水等。废水性质随工厂类型及生产工艺过程不同而异。

（三）降水

指地面上径流的雨水和冰雪融化水。降水径流的水质与流经表面情况有关。一般是较清洁的，但初期雨水径流却比较脏。雨水径流排除的特点是时间集中、量大，以暴雨径流危害最大。

以上三种水，均需及时妥善地处置。如解决不当，将会妨碍环境卫生、污染水体，影响工农业生产及人民生活，并对人们身体健康带来严重危害。

城市排水工程规划的任务就是将上述三种水汇集起来，输送到污水处理厂（其中降水与工业生产废水一般可直接排入附近水体），经过处理后再排放。

二、城市排水系统的体制及其选择

对生活污水、工业废水和降水径流采取的汇集方式，称为排水体制，也称排水制度。按汇集方式可分为分流制和合流制两种基本类型。

（一）分流制排水系统

当生活污水、工业废水、降水径流用两个或两个以上的排水管渠系统来汇集和输送时，称为分流制排水系统。其中汇集生活污水和工业废水中生产污水的系统称为污水排除系统；汇集和排泄降水径流和不需要处理的工业废水（指生产废水）的系统称为雨水排除系统；只排除工业废水的称工业废水排除系统。

分流制排水系统中对于单纯排除降水径流的雨水排除系统通常有两种做法：一种是设置完善的雨水管渠系统；另一种是暂不设，雨水沿着地面、道路边沟和明渠泄入天然水体。这种情况只有在地形条件有利时采用。对于新建城市或地区，在建设初期，往往也采用这种雨水排除方式，待今后配合道路工程的不断完善，再增设雨水管渠系统。

（二）合流制排水系统

将生活污水、工业废水和降水径流用一个管渠系统汇集输送的称为合流制排水系统。根据污水、废水、降水径流汇集后的处置方式不同，可分为下列两种情况：

1. 直泄式合流制

管渠系统的布置靠近水位低的位置，分若干排出口，混合的污水未经处理直接泄入水体。我国许多城市旧城区的排水方式大多是这种系统。这是因为在以往工业尚不发达，城市人口不多，生活污水和工业废水量不大，直接泄入水体，对环境卫生及水体污染问题还不很严重。但是，随着现代工业与城市的发展，污水量不断增加，水质日趋复杂，所造成的污染危害很大。因此，这种直泄式合流制排水系统目前一般不宜采用。

2. 截流式合流制

这种体制是指在街道管渠中合流的生活污水、工业废水和雨水，一起排向沿河的截流干管。晴天时全部输送到污水处理厂；雨天时当雨水、生活污水和工业废水的混合水量超过一定数量时，其超出部分通过溢流井泄入水体。这种体制目前应用较广。

（三）排水体制的选择

合理选择排水体制，是城市排水系统规划中一个十分重要的问题。它关系到整个排水系统是否实用，能否满足环境保护的要求，同时也影响排水工程的总投资、初期投资和经营费用。对于目前常用的分流制和截流式合流制的分析比较，可从下列几方面说明。

1. 环境保护方面要求

截流式合流制排水系统同时汇集了部分雨水输送到污水厂处理，特别是较脏的初期雨水，带有较多的悬浮物，其污染程度有时接近于生活污水，这对保护水体是有利的。但另一方面，暴雨时通过溢流井将部分生活污水、工业废水泄入水体，周期性地给水体带来一定程度的污染是不利的。对于分流制排水系统，将城市污水全部送到污水厂处理，但初期雨水径流未经处理直接排入水体是其不足之处。从环境卫生方面分析，究竟哪一种体制较为有利，要根据当地具体条件分析比较才能确定。一般情况下，截流式合流制排水系统对保护环境卫生、防止水体污染而言不如分流制排水系统。由于分流制排水系统比较灵活，较易适应发展需要，通常能符合城市卫生要求，因此目前得到了广泛采用。

2. 基建投资方面

合流制排水只需一套管渠系统，大大减少了管渠的总长度。据资料统计，一般合流制管渠的长度比分流制管渠的长度减少 30% ~ 40%，而断面尺寸和分流制雨水管渠基本相同，因此合流制排水管渠造价一般要比分流制低 20% ~ 40%。虽然合流制泵站和污水厂的造价通常比分流制高，但由于管渠造价在排水系统总造价中占 70% ~ 80%，所以分流制的总造价一般比合流制高。从节省初期投资考虑，初期只建污水排除系统而缓建雨水排除系统，节省初期投资费用，同时施工期限短，发挥效益快，随着城市的发展，再逐步建造雨水管渠。分流制排水系统利于分期建设。

3. 维护管理方面

合流制排水管渠可利用雨天剧增的流量来冲刷管渠中的沉积物，维护管理较简单，可降低管渠的维护管理费用。但对于泵站与污水处理厂，由于设备容量大，晴天和雨天流入污水厂的水量、水质变化大，从而使泵站与污水厂的运行管理复杂，增加运行费用。分流制流入污水厂的水量、水质变化比合流制小，利于污水处理、利用和运行管理。

4. 施工方面

合流制管线单一，可减少与其他地下管线、构筑物的交叉，管渠施工较简单，对于人口稠密、街道狭窄、地下设施较多的市区更为突出。

总之，排水体制的选择，应根据城市总体规划、环境保护要求、当地自然条件和水体条件、城市污水量和水质情况、城市原有排水设施等情况综合考虑，通过技术经济比较决定。一般新建城市或地区的排水系统，较多采用分流制；旧城区排水系统改造，采用截流式合流制较多。同一城市的不同地区，根据具体条件，可采用不同的排水体制。

三、城市排水系统的组成

（一）城市污水排除系统的组成

污水排除系统通常是指以收集和排除生活污水为主的排水系统。在现代化房屋里，固定式面盆、浴缸、便桶等统称为房屋卫生设备。这些设备不但是人们用水的容器，而且也是承受污水的容器，是生活污水排除系统的起端设备。

从卫生设备排出的污水经过存水弯（水封）后顺次通过支管、竖管、出流管而流至庭院污水管中，然后通过连接支管将污水排入街道下面的管道中。

街道下面的管道可分为支管、干管、主干管及管道系统上的附属构筑物。支管是承受庭院管道的污水，通常管径不大；由支管汇集污水至干管，然后排入城市中的主干管，最终将污水输送至污水处理厂或排放地点。

在管道系统中，往往需要把低处的污水向上提升，这就需要设置泵站，设在管道系统中途的泵站称中途泵站，设在管道系统终点的泵站称终点泵站。泵站后污水如需用压力输送时，应设置压力管道。

在管道系统中途，某些易于发生故障的部位，往往设有辅助性出水口（渠），称为事故出水口。以便当这些组成部分发生故障，污水不能流通时，借它来排除上游来的污水。如设在污水泵站之前，当泵站检修时污水可从事故出水口排出，一般可就近排入水体。

从上面的叙述可见，污水排除系统包括下列五个主要部分：

（1）室内（房屋内）污水管道系统及卫生设备。

（2）室外（房屋外）污水管道系统：包括庭院（或街坊内）管道和街道下污水管道系统。

（3）污水泵站及压力管道。

（4）污水处理厂。

（5）污水出口设施：包括出水口（渠）、事故出水口及灌溉渠等。

（二）工业废水排除系统的组成

有些工业废水排入城市污水管道或雨水管道，不单独形成系统，而有些工厂单独形成工业废水排除系统，其组成为：

（1）车间内部管道系统及排水设备。

（2）厂区管道系统及附属设备。

（3）污水泵站和压力管道。

（4）污水处理站（厂）。

（5）出水口（渠）。

（三）城市雨水排除系统的组成

雨水来自两个方面，一部分来自屋面，一部分来自地面。屋面上的雨水通过天沟和竖管流至地面，然后随地面雨水一起排除。地面上雨水通过雨水口流至街坊（或庭院）雨水道或街道下面的管道。雨水排除系统主要包括：

（1）房屋雨水管道系统，包括天沟、竖管及房屋周围的雨水管沟。

（2）街坊（或厂区）和街道雨水管渠系统，包括雨水口、庭院雨水沟、支管、干管等。

（3）泵站。

（4）出水口（渠）。

雨水一般就近排入水体，不需处理。在地势平坦、区域较大的城市或河流洪水位较高，雨水自流排放有困难的情况下，设置雨水泵站排水。

此外，对于合流制排水系统，只有一种管渠系统，具有雨水口、溢流井、溢流口。在管道系统中设置有截流干管。其他组成部分和污水排除系统相同。

第二节　合流制管渠系统的规划设计

一、合流制管渠系统的特点及使用条件

合流制管渠系统是在同一管渠内排除生活污水、工业废水及雨水的排水系统。我国城市旧排水管渠系统大多是这种体制。根据混合水处理与排放方式的不同，又可分为两种，常用的是截流式合流制管渠系统。

（一）截流式合流制的工作情况与特点

截流式合流制系统是在临水体设置截流干管及溢流井，汇集各支、干管的污水。晴天时，截流干管以非满流方式将生活污水和工业废水送往污水处理厂。雨天时，流入截流干管的水量除了生活污水、工业废水外，尚有雨水。假定三种混合水量总和为 Q，截流干管的输水量为 q，当 $Q \leqslant q$ 时，混合水全部输送往污水厂处理；当 $Q > q$ 时，部分混合水（$Q = q$ 这部分）送往污水厂，Q 大于 q 部分（即 $Q-q$）通过溢流井排入水体。溢流的起讫时间及溢流水量的大小，在截流干管管径已定条件下，与雨型有关，一般刚开始下雨时，雨量小，混合水量 Q 小，未开始溢流，随着雨量增大，达到 $Q > q$ 时即开始溢流，随着降雨时间延长，由于降雨强度的减弱，混合水量 Q 减少，相应地溢流量变小，当 $Q \leqslant q$ 时，溢流停止，全部混合水又都流向污水处理厂。

从上述管渠系统的工作情况可知：截流式合流制的特点是用同一管渠系统汇集了生活污水、工业废水和部分雨水，集中到污水厂处理。消除了晴天时城市污水污染及雨天时较脏的初雨水与部分城市污水对水体的污染。因此，在一定程度上满足环境保护方面的要求。但另一方面，在大雨时，则有部分污水、废水和雨水的混合水通过溢流井排入水体（其溢入水体的混合水量与截流干管的输水能力有关），造成对水体周期性的污染，不如分流制排水系统。然而，截流式合流制一般在节省投资、管道施工等方面都较为有利。在城市旧排水系统改造中采用较多；在新建城市或地区中，也有采用。

（二）合流制排水系统的使用条件

通常在下列情况下采用合流制排水系统较为有利：

（1）雨水稀少的地区。

（2）排水区域内有一处或多处水量充沛的水体，其流量和流速都较大，一定量的混合污水溢入水体后对水体的污染危害程度在允许的范围内。

（3）街坊和街道的建设比较完善，必须采用暗管（渠）排除雨水，而街道横断面又较窄，地下管线多、施工复杂，管渠的设置位置受到限制时。

（4）地面有一定坡度倾向水体，当水体高水位时，岸边不受淹没。污水在中途不需要泵站提升。

（5）水体卫生要求特别高的地区，污、雨水均需要处理者。

显然，对于某个城市或地区来说，上述条件不一定同时都能满足，但可根据具体情况，酌情选用合流制排水系统。若水体离排水区域较远，水体流量、流速小，城市污水中有害物质经溢流井泄入水体的浓度超过水体允许卫生标准等情况下，则不宜采用。

排水体制的选择，是一项影响深远、关系重大的决策，要根据城市具体条件（现状及自然条件、经济条件等）与要求，从环境保护、施工技术、运行管理、经济分析等诸方面作方案比较，慎重决定。

目前，我国许多城市的旧排水系统大多数是直泄式合流制，污水就近排入水体，给城市卫生带来严重的危害。如将原系统改建成分流制，受现状条件、经济能力等限制，往往存在许多具体困难，不现实。在不少情况下，仍可采用合流制排水系统，而在沿河设置拦集污水的截流干管，将城市污水送往下游进行处理、排放或利用。

二、合流制排水系统的布置

（一）合流制排水系统布置要求

截流式合流制排水系统除应满足管渠、泵站、污水处理厂、出水口等布置的一般要求外，根据其特点，布置中尚需考虑下列因素：

（1）合流制管渠的布置应使其所服务区域面积上的生活污水、工业废水和雨水都能合理地排入管渠，并尽可能以最短距离坡向截流干管。

（2）暴雨时，超过一定数量的混合污水都能顺利地通过溢流井泄入附近水体，以尽量减少截流干管的断面尺寸和缩短排放渠道的长度。

（3）溢流井的数目不宜过多，位置应选择恰当，以免增加溢流井和排放渠道的造价，减少对水体的污染。

（二）合流制排水系统的布置

（1）管渠布置：截流式合流制的支管、干管布置基本上与雨水管渠布置方法相同——结合地形条件，管渠以最短距离坡向附近的水体。在合流制系统上游排水区域内，如雨水可沿地面街道边沟排泄，则可只设污水管道。只有当雨水不宜沿地面径流时，才布置合流管渠。截流干管一般沿水体岸边布置，其高程应使连接的支、干管的水能顺利流入，同时其高程应在最大月平均高水位以上。在城市旧排水系统改造中，如原有管渠出口高程较低，截流干管高程达不到上述要求时，只有降低高程，采用防潮闸门及排涝泵站。

（2）溢流井的布置：从减少截流干管的尺寸考虑，要求溢流井数量多一些，这样可使混合污水及时溢入水体，降低下游截流干管的设计流量。但溢流井过多，将增加溢流井和排放渠道的造价，特别当溢流井离水体较远，施工条件困难时，更是如此。通常，当溢流井的高程低于最大月平均高水位，需在排水渠道上设置防潮闸门及排涝泵站时，为减少泵站的造价并便于管理，溢流井更应适当集中，数量不宜多。从对水体的污染角度分析，截流式合流制在暴雨时溢流的混合水是较脏的，为减少污染，保护环境，溢流井也宜适当集中，并应尽可能位于水体的下游。此外，要求溢流井的位置最好靠近水体，以缩短排放渠道的长度。溢流井尽可能结合排涝原站或中途泵站一起修建。通常溢流井设置在合流干管和截流干管的交汇处，但为了节约投资及减少对水体的污染，并不是在每个交汇点上都设置。溢流井的数量及具体位置，可根据实际条件，结合管渠系统布置，考虑上述因素，通过技术经济比较决定。

（三）合流制排水系统的补救措施

截流式合流制排水系统的不足：大雨时溢流混合污水，往往造成对水体的严重周期性污染。溢流的混合污水不仅含有部分生活污水与工业废水，而且挟带有晴天旱流时沉积在管底的污物。据有关资料介绍，溢流混合污水的平均 BOD_5（五天生化需氧量）浓度有时竟达 200mg/L 左右。随着城市与工业的发展，河流的污染因污水溢流而更趋严重。补救办法有下列三种：

（1）增加截流管渠：加大雨天时混合污水的截流量。这种方法可以减轻对水体的污染，但不能根本解决问题。因为暴雨时往往雨水量为旱流污水量的十多倍甚至数十倍，而增加的截流量受截流干管的管径及污水处理厂处理容量的限制，不可能太大。因此，还是有部分混合污水溢入水体。其次，增加截流干管及扩大污水处理厂容量，投资也较大。

（2）在溢流出水口处设置简单的处理设施，以减轻溢流污水对水体的污染。如对溢流的混合污水筛滤、沉淀等。该法的优点是基建投资省；缺点是当混合污水较脏时，仅通过这些简易处理而排放的混合污水对水体还是有一定程度的污染。同时在每一个溢流井处需增加一套处理设备，管理较麻烦。

（3）在溢流出水口附近设置混合污水贮水池，它的作用是：①降雨时蓄积溢流的混合污水，雨止后把贮存的水送往污水处理厂处理；②起沉淀池作用，改善溢流污水的水质。一般认为这种方法是比较好的，它的优点是：能较彻底地解决溢流混合污水对水体的污染问题；可充分利用截流干管的输水能力及污水处理厂的处理能力；而投资通常比第一种方法节省。其缺点是：贮水池的容积较大，占一定用地面积；蓄积的污水需用水泵提升至截流干管，增加设备及抽升费用。

三、合流制排水管渠的水力计算

（一）设计流量的确定

截流式合流制排水管渠的设计流量：在第一个溢流井上游的合流管段，其设计流量 Q_2 为：

$$Q_2 = (Q_s + Q_g) + Q_y = Q_n + Q_y \qquad (2-1)$$

式中：Q_s——生活污水量，L/s；

　　　Q_g——工业废水量，L/s；

　　　Q_y——雨水设计流量，L/s；

　　　Q_n——溢流井以前的旱流污水量，L/s。

生活污水量是采用平均日的平均流量（即总变化系数采用1）；工业废水量是采用最大生产班内的平均流量。这两部分流量均可根据城市和工厂的实际情况统计得到。对于雨水的设计流量，仍采用第十一章所述的方法计算。

在计算中，当生活污水量和工业废水量之和小于雨水设计流量的5%时，其流量可忽略不计，以简化计算。因为它们的加入与否往往不影响管渠、管径及坡度的决定。当生活污水量和工业废水量之和较大时，应计入。

生活污水量与工业废水量之和，也即是合流管渠晴天时的设计流量，称为旱流污水量（Q_n）。由于合流管渠中流量变化大，晴天时流量小，因此按（2-1）式中 Q_2 计算得管径、坡度、流速。要用晴天旱流污水量来校核，检验管渠在输送旱流污水时能否满足不产生淤积的最小流速要求。

溢流井以下管段的设计流量：截流式合流制排水系统在截流干管上设置了溢流井后，溢流井以下管的设计流量 Q 为：

$$Q = (n_0 + 1) Q_h + Q'_y + Q'_h \qquad (2-2)$$

式中：Q_h——上游来的转输旱流污水量，L/s；

$\quad\quad Q'_y$——设计管段汇水面积内的雨水设计流量，L/s；

$\quad\quad Q'_h$——设计管段汇水面积内的旱流污水量，L/s；

$\quad\quad n_0$——截流倍数，即上游来的最大转输雨水量与旱流污水量之比。

上游来的混合污水量 Q_z 超过 $(n_0 + 1) Q_h$ 的部分从溢流井溢入水体。当截流干管上设有几个溢流井时，上述确定设计流量的方法不变。

（二）计算要点及方法

合流制排水管渠一般按满流设计，当确定了管段的设计流量后，水力计算工作包括下列三个方面：

1. 溢流井上游合流管渠的计算

溢流井上游合流管渠的计算与雨水管渠计算方法基本相同，只是它的设计流量包括雨水、生活污水和工业废水量。设计计算中需注意的一个问题是，合流制管渠的雨水设计重现期一般应比同一情况下雨水管渠的设计重现期适当提高（一般提高 25% ~ 30%）。因为合流管道中混合污水从检查井溢出街道的可能性还是存在的，而合流制管渠一旦溢流时造成危害，损失要大得多，对城市环境卫生影响也严重得多。因此，合流管渠的设计重现期和容许的积水程度都应从严掌握。

2. 截流干管和溢流井的计算

计算中首先要决定所采用的截流倍数 n_0，根据 n_0 值可按式（2-2）算出截流干管的设计流量和通过溢流井泄入水体的流量，作为截流干管与溢流井计算的依据。

关于截流倍数 n_0 的采用：为使溢流井以下的截流干管管径小一些，造价低些，宜用较小的截流倍数；但为了保护水体少受污染，又宜选用较大的截流倍数。因此，截流倍数 n_0 应根据旱流污水的水质、水量情况，水体条件，卫生方面要求以及降雨情况等综合考虑来确定。我国一般采用截流倍数 n_0 在 1 ~ 5 范围。选用 n_0 值应征得当地卫生部门的同意。在实际工作中，初步设计的 n_0 值可根据不同排放条件按表 2-1 选用。

表 2-1 不同排放条件下的 n_0 值

序号	排放条件	n_0 值
1	在居住区内排入大河流	1 ~ 2
2	在居住区内排入小河流	3 ~ 5
3	在区域泵站和总泵站前及排水总管端部根据居民区内水体的大小	0.5 ~ 2
4	在处理构筑物前根据处理方法与构筑物的组成	0.5 ~ 1
5	工厂区	1 ~ 3

为减少污水处理厂的负荷及下游截流干管的尺寸，目前我国一些城市的截流干管上溢流井截流倍数通常采用 3。

当决定了截流倍数后，即可算出截流干管的设计流量，截流干管的水力计算方法同雨水管渠。关于溢流井的计算及各部分尺寸的决定，可参照《给水排水设计手册》。

3. 晴天旱流污水量的校核

晴天旱流时，合流管渠中的流速应能满足管渠最小流速的要求，对于合流管渠，一般不宜小于 0.2 ~ 0.5m/s。当不能满足时，应修改设计管渠所采用的断面尺寸或坡度，或者在管底设低流槽以保证旱流时的最小流速。

四、城市旧合流制管渠系统的改造

城市排水管渠系统一般随城市的发展而相应发展。最初，城市往往用明渠直接排除雨水和少量污水至附近水体。随着工业的发展和人口的增加、集中，为保证市区的卫生条件，便把明渠改为暗渠（管），污水仍直接排入水体。也就是大多数城市旧的排水系统一般都采用直泄式合流制管渠系统。

（一）旧排水系统存在的主要问题

我国许多城市旧排水系统不能适应工业的发展和现代卫生设备的设置。新中国成立以来，做了一些工作，新设或改建了一些排水工程，例如著名的北京龙须沟、上海曹嘉滨工程等。

但是城市排水工作长期以来没有得到应有的重视，改建、扩建工程大大落后了，不能满足城市与工业发展的需要。归纳起来，旧排水系统一般存在的主要问题是：

（1）管径偏小，排水能力不足，系统零乱，缺乏统一的改建规划。

（2）一般仍为直泄式合流制，出水口多而分散，就近直接排放，污染水体，影响城市环境卫生及水体利用。

（3）工业废水未加控制，不经处理擅自排入城市管渠或泄入水体，造成对城市管渠的严重腐蚀与水体污染。

（4）管渠渗漏损坏较严重，管渠系统上泵站等构筑物往往不能充分发挥作用。

（5）有些市区尚未兴建排水管渠，污水、雨水沿街乱流，严重影响环境卫生。

随着工业与城市的进一步发展，直接排入水体的污水量迅速增加，势必造成水体的严重污染。同时由于排水管渠系统没有设置或设计不合理，造成城市局部地区排水不畅、积水为患，影响生产与人民生活。为保护水体与环境卫生，为保障生产与方便生活，理所当然地要对城市旧排水管渠系统进行改造。

（二）城市旧排水系统的改造途径

旧排水系统改造中，除加强管理、养护、严格控制工业废水的排放，新建或改建局部管渠与泵站等措施外，在体制改造上通常有下列两种途径：

（1）改合流制为分流制：一般方法是将旧合流管渠局部改建后作为单纯排除雨水（或污水）的管渠系统，而另外新建污水（或雨水）管渠系统。这样，由于雨水、污水的分流，污水可送往污水处理厂经过处理后再排放，比较彻底地解决了城市污水对水体的污染问题。

通常，在具有下列条件时，可考虑将合流制改为分流制：①住房内部有完善的卫生设备，便于将生活污水与雨水分流；②城市街道横断面有足够的位置，允许设置由于改建成分流制需增建的污水（或雨水）管道，并且施工中不致对城市交通造成过大的影响；③旧排水管渠输水能力基本上已不能满足需要，或管渠损坏渗漏已十分严重，需彻底翻修，增大管径，设置新线。

（2）保留合流制，修建截流干管：由于将合流制改为分流制，就要改建几乎所有的污水出户管及雨水连接管，破坏较多的路面。而城市旧区街道往往比较窄，地下管线多，交通也较频繁，常使改建工程施工困难。改建投资大，影响面广，往往短期内很难实现。

所以目前旧合流制排水管渠系统的改造大多采取保留原体制，沿河修建截流干管，即将直泄式合流制改造成截流式合流制管渠系统。截流干管的设置可与城市河道整治及防洪、排涝工程规划结合起来。

应当指出，城市旧排水系统的改造，是一项十分复杂的工作。必须在城市规划中根据当地的具体情况，通盘考虑，既要照顾现实，又要有远大的目光。为此，必须调查附近水体的水文和使用情况，并对城市旧排水系统进行全面的调查，了解旧管渠的位置、管径、埋深、坡度、受水范围及目前使用情况等。整理出比较完整的资料集，作为改建规划的依据。然后根据城市的总体规划，制订出便于分期实施的、适应城市发展和环境保护要求的排水工程改建、扩建规划。

第三节　城市给水排水工程规划方案技术经济比较

城市给水排水工程规划应符合国家经济建设的方针政策，满足城市总体规划的要求，力求做到技术先进可行、节省投资、少耗材料、施工期短、节约能源、管理方便。在规划设计中，通常提出几个可行方案，进行技术经济分析比较，决定最佳方案。这是提高规划设计质量的重要手段，是规划设计工作中重要的一环。

给水排水工程规划的最佳方案，是给水排水专业设计的基础，它确定了给水排水专业设计的原则，所以方案是否合理经济，对工程设计质量起着决定作用。所谓方案合理，是指方案在满足生产使用要求上、采用技术措施上、远近期结合上以及与其他工程项目的配合关系上合理。所谓经济，是指方案的基建投资与年经营费用经济。另外，方案还要体现党的方针政策。最后根据技术、经济等方面比较的综合结果，提出推荐方案。

一、给水排水工程方案的技术比较

（一）给水工程方案的技术比较

在给水工程规划中，采用地面水源还是地下水源；集中一个水源供水还是分散多水源供水；全市统一供水还是分区、分质、分压供水；水厂位置选在靠近水源还是邻近用户；采用哪一种净化工艺流程；以及输水干管的不同位置，各种管网系统布局等，均可构成不同的方案。给水工程方案技术比较，应着重考虑下列几个方面：

（1）满足生产、生活使用要求方面：给水系统能否保证供应需要的水量及符合用水单位对水质、水压方面的要求，并适应城市与工业发展的需要。

（2）保证供水安全方面：拟选择的水源在水量、水质方面的可靠程度，给水系统生产运转上的安全性，在紧急事故时能否供应必要的事故用水，是否符合消防方面的要求。

（3）符合卫生要求方面：水源卫生防护的条件，水体上、下游卫生情况，给水进水口与城市污水、工业废水出水口之间相对位置的关系。

（4）给水系统布局合理性比较：统一规划和利用水源方面，是否充分利用现有水源；合理协调城市、工业、农业及其他方面用水的关系。对城市原有给水设施的利用结合是否合理，分期建设安排是否恰当，有无发展扩建的可能性，方案的灵活性如何，是否易于实现。

（5）技术与施工条件方面：是否尽量采用先进技术，基建施工安装的条件是否方便，施工期限的长短及机械化施工的可能性。

（6）给水管网系统布置方面：管网系统是否简单，做到尽量就近取水，管道是否最短、安全、水头损失小。

（7）经营管理及维护方面：运转管理是否方便，所需电力、药剂主要材料方面是否可以解决。

（二）排水工程方案的技术比较

在排水工程规划中，对于同一个排水区，虽然排水范围、排水设计流量、自然条件等因素相同。但是，由于采用的排水体制、管渠布置形式、干管和主干管的布置形式和走向、较有影响的某些工业废水的处置方式、城市污水和污泥处理的工艺流程以及污水厂和出水口的位置选择等不同，可以组成不同的方案。为了列举各方案的优缺点，从不同的方案中选出技术上比较合理的方案，一般应着重就以下几方面加以比较：

（1）满足环境保护要求：所选择的排水体制、城市污水及污泥处理的工艺流程、污水处理厂及出水口位置与城市市区特别是与取水口的关系、废水量较大或水质较特殊或距市区较远的工业企业废水的处置等，能否满足环境保护的要求。

（2）与城市总体规划的关系：管渠系统的布置、主干管走向、污水处理厂和出水口位置能否满足城市规划布局要求；远近期结合、分期建设安排是否与城市规划年限协调一致，有无发展的可能；对原有排水设施的利用与改造是否合理。

（3）排水管渠系统布置：管渠系统布置是否简单合理；主干管、干管是否最短，能否满足排水要求，是否充分利用地形，在满足重力流排水的前提下，管渠埋深是否最小，中途泵站的数量是否最少，排水管渠与其他管线工程的关系是否合理、恰当。

（4）污水与污泥的处理及处置工艺流程是否利于综合利用，变害为利；是否有利于支援农业。

（5）技术上是否先进可行，施工及经营管理是否方便。

（6）防洪、排涝、防止积水危害的可靠性。

二、给水排水工程方案的经济比较

方案经济比较的实质，就是评价各方案所体现的经济效果，经济效果较大的方案就是较经济的方案。

（一）经济比较的方法

随着给水排水工程建设实践的发展，全国各地区积累了许多规划方案的经济比较方法。这里仅介绍一种方案总费用比较方法，实践中可结合当时当地具体条件加以运用。

所谓方案总费用的经济比较方法，就是以方案的基建投资和一定年限的经营管理费用为基础，组成方案的总费用，通过分析比较，其总费用最少的就是最经济的方案。

按方案总费用作经济比较的前提是各方案所采用的经济指标的依据相同，并且假定工程是一次投资，每年经营费用不变。

各方案的总费用按下列公式计算：

$$W_i = A_i + T_0 B_i \qquad (2-3)$$

式中：W_i——各方案的总费用，元；

   A_i——各方案的基建投资费用，元；

   B_i——各方案的年经营费用，元／年；

   T_0——投资偿还年限，年，影响投资偿还年限的因素较多，一般可根据工程的性质、内容和规模，按当地有关规定取值。

对各方案计算的结果进行比较，总费用最少的为最经济方案。

但是，由于给水排水工程服务对象多、涉及面广，给水排水工程的建设与地区的工业、农业、环境、人民生活福利和卫生保健等各方面均有密切联系。因此，在进行给水排水工程方案比较时，不能只单纯考虑本身的经济效果，还必须全面衡量它对工业、农业、环境、人民生活等各方面带来的影响；不仅要比较通过经济指标所表现出的经济效果，而且也要分析某些用指标不易表现的效果。有时因为考虑到给水排水工程对有关部门的影响，而选择了总费用不是最低的方案。

经济指标分为主要指标与辅助指标两部分。主要指标是指对工程方案总费用有决定性意义的基建投资费用和年经营费用，后面将分别叙述。辅助指标则是从不同角度补充说明方案某一方面的经济效果，其中包括劳动力、占地、主要材料消耗、主要动力设备及能源消耗等。

（二）基建投资费用

基建投资费用 A 用下列公式计算：

$$A = KJ \qquad (2-4)$$

式中：J——主体工程基本建设费，元；

   K——修正系数。

修正系数 K，为主体工程基建费以外的其他各项费用所增加投资费用的一个修正系数。其他各项费用包括征购土地、青苗赔偿、房屋拆迁、测量钻探、规划设计、科研试验等费用。

在方案比较阶段，单项工程尚未进行设计，对于主体工程基建费（J）不具备逐项详细计算的条件，一般根据给水排水工程规模（供水量或排水量）、处理的工艺流程、管渠长度等，采用综合性扩大技术经济指标作粗略估算。一般按照各地工程建设经验，采用当地技术经济指标进行计算。

（三）年经营费用

年经营费用 B 用下列公式计算：

$$B = n\% J + E \tag{2-5}$$

式中：$n\% J$——折旧提成费，元 / 年；

　　　E——直接经营费，元 / 年。

1. 年折旧提成费 $n\% J$

年折旧提成费，以固定资产总值乘以综合折旧率计算。固定资产总值可采用主体工程基建费 J；年综合折旧率 $n\%$ 包括基本折旧率与大修折旧率两项。年综合折旧率 $n\%$ 的大小要看工程使用年限（即工程的寿命）的长短。如果工程使用寿命长，$n\%$ 的取值就低，否则取值就高。例如估计工程使用寿命为 50 年，则 $n\% = 2.0\%$；使用寿命为 20 年，则 $n\% = 5\%$。

2. 年直接经营费 E

E 用下列公式计算：

$$E = E_1 + E_2 + E_3 + E_4 + E_5 \tag{2-6}$$

式中：E_1——工资福利费，元 / 年；

　　　E_2——电费，元 / 年；

　　　E_3——药剂费，元 / 年；

　　　E_4——检修维护费，元 / 年；

　　　E_5——其他费，元 / 年。

$$E_5 = (n\% J + E_1 + E_2 + E_3 + E_4) 10\% \qquad (2-7)$$

（四）辅助经济指标

对于辅助经济指标中占用的土地指标，可根据规划图上占用的农田、好土、荒地等类别计算。这是贯彻以农业为基础，尽量少占或不占农田好土地的重要指标。劳动力指标、主要材料消耗指标及主要动力设备指标（kW），可参照有关技术经济指标资料统计计算。能源消耗指标可根据管道系统地形高差，需要提升的水量和扬程以及水处理工艺流程中所需耗电情况计算耗电量。在某些特殊情况下，辅助指标有时也会起到决定性的作用。

第三章　城市雨水管渠系统及防洪工程的规划设计

第一节　雨水管渠系统的布置原则

降落在地面上的雨水，只有一部分沿地面流入雨水管渠和水体，这部分雨水称为地面径流，在排水工程中常简称径流量。雨水径流的总量并不大，即使在我国长江以南的一些大城市中，在同一面积上，全年的雨水总量也不过和全年的日常生活污水量相近，而径流量还不到雨水量的一半。但是，全年雨水的绝大部分常在极短的时间内降下，这种短时间内强度猛烈的暴雨，往往形成数十倍、上百倍于生活污水流量的径流量，若不及时排除，将造成巨大的危害。

为防止暴雨径流的危害，保证城市居住区与工业企业不被洪水淹没，保障生产、生活和人民生命财产安全，需要修建雨水排除系统，以便有组织地及时将暴雨径流排入水体。

雨水管渠布置的主要任务，是要使雨水能顺利地从建筑物、车间、工厂区或居住区内排泄出去，既不影响生产，又不影响人民生活，达到既合理又经济的要求。布置中应遵循下列原则。

一、充分利用地形，就近排入水体

雨水径流的水质虽然和它流过的地面情况有关，一般说来，除初期雨水外，是比较清洁的，直接排入水体时，不致破坏环境卫生，也不致降低水体的经济价值。因此，规划雨水管线时，首先按地形划分排水区域，再进行管线布置。

根据分散和直接简捷的原则，雨水管渠布置一般都采用正交式布置，保证雨水管渠以最短路线、较小的管径把雨水就近排入水体。

这个地区西南高东北低，有河流贯穿，雨水管渠结合地形，河道位置和街区布置用最短路线分别排入水体。在北部开挖一条明渠，以汇集北部地区的雨水，泄入东面的河道。从整个布置情况来看，雨水出口较多，但雨水管渠接入明渠或河道的出水口构造比较简单，一般造价不高。在增加出水口的情况下，不致大量增加出水口的基建费用，这是由于就近排放，管线较短，管径也较小，总的造价可以降低。但当河流的水位变化很大，管道出口离河道很远时，出水口的建筑费用就会较大，在这种情况下，不宜采用过多的出水口。

二、尽量避免设置雨水泵站

由于暴雨形成的径流量大，雨水泵站的投资也很大，而且雨水泵站一年中运转时间短，利用率很低。因此，应尽可能利用地形，使雨水靠重力流排入水体，而不设置泵站。但在某些地势平坦、区域较大或受潮汐影响的城市，不得不设置雨水泵站的情况下，要把经过泵站排泄的雨水径流量减少到最小限度。

三、结合街区及道路规划布置雨水管渠

街区内部的地形、道路布置和建筑物的布置是确定街区内部雨水地面径流分配的主要因素。街区内的地面径流可沿街、巷两侧的边沟排除。

道路通常是街区内地面径流的集中地，所以道路边沟最好低于相邻街区地面标高。应尽量利用道路两侧边沟排除地面径流，在每集水流域的起端100 ~ 200m 可以不设置雨水管渠。

雨水管渠常常是沿街道铺设的，但是干管（渠）不宜设在交通量大的干道下，以免积水时影响交通。雨水干管（渠）应设在排水区的低处道路下。干管（渠）在道路横断面上的位置最好位于人行道下或慢车道下，以便检修。

从排除地面径流的要求而言，道路纵坡最好在 0.3% ~ 6% 范围内。

四、结合城市竖向规划

城市用地竖向规划的主要任务之一，就是研究在规划城市各部分高度时，如何合理地利用自然地形，使整个流域内的地面径流能在最短时间内，沿最短距离

流到街道，并沿街道边沟排入最近的雨水管渠或天然水体。

五、合理开辟水体

规划中应利用城市中的洼地和池塘，或有计划地开挖一些池塘，以便储存因暴雨量大时雨水管渠一时排除不了的径流量，避免地面积水。这样，雨水管渠可不按过高重现期设计，减小管渠断面，节约投资。同时，所开辟的水体（雨水调节池）可供游览、娱乐，在缺水地区，还可用于市郊农田灌溉。

六、雨水口的设置

在街道两侧设置雨水口，是为了使街道边沟的雨水通畅地排入雨水管渠，而不致漫过路面。街道两旁雨水口的间距，主要取决于街道纵坡、路面积水情况以及雨水口的进水量，一般为 30 ~ 80m。

街道交会处雨水口设置的位置与路面的倾斜方向有关。

位于山坡上或山脚下的城市，应在市郊设置截洪沟，以拦集坡上径流，保护市区。截洪沟将在本章第四节讲述。

第二节　雨水管渠设计流量的确定

为了确定雨水管渠的断面尺寸和坡度，必须先确定管渠的设计流量。而雨水管渠的设计流量与地区降雨强度、地面情况、汇水面积等因素有关。

一、降雨强度

降雨量是降雨的绝对量，用深度（mm）表示。某场雨的降雨量是指这场雨降落在不透水平面上的水层深度，可以用雨量计测定。单位时间内降落在不透水地面（假设为水平面）上的雨水深度称为降雨强度，用下面公式表示：

$$i = h/t \qquad\qquad （3-1）$$

式中：i——降雨强度，mm/min；

　　　t——降雨历时，即连续降雨的时段，min；

　　　h——相应于降雨历时 t 的降雨量，mm。

降雨强度也可用单位时间内单位面积上的降雨体积 q $[\mathrm{L/（s \cdot hm^2）}]$ 来表示。q 和 i 间的关系如下：

$$q = [1 \times 1000 \times 10000/（1000 \times 60）]i = 166.7i \qquad （3-2）$$

降雨所笼罩的面积称为降雨面积，降雨面积上各点的降雨强度是不相等的。但在城市和工业区的排水工程设计中，设计管渠的汇水面积一般大大小于降雨面积，可以假定在整个汇水面积上降雨是均匀的。

这种较小的汇水面积，在工程上称为小汇水面积。设计小汇水面积的雨水管渠，要选择降雨强度最大的雨作为设计的根据。这种降雨的特点是降雨强度大、降雨历时短、降雨面积小。设计雨水管渠最好有完整的降雨资料。各地的气象台（站）都设有自动雨量计。每年的降雨情况不同，十年或十年以上的记录已可满足雨水管渠设计的需要。记录的年数愈多，代表性愈好。在《给水排水工程设计手册》或其他有关设计手册中都列有全国许多城市的降雨强度公式。

如果设计重现期 p 和设计降雨历时 t 已确定，就可根据降雨强度曲线或降雨强度公式求得设计降雨强度 i（q）。

二、雨水径流的汇合

连续降雨的时段称为降雨历时，降雨历时可以指全部降雨的时间，也可以指其中任一时段。降雨历时以小时或分钟为计算单位。

降雨强度 i（q）随历时 t 而变化，t 越大，与这个 t 相应的降雨强度 i（q）越小。

计算设计管段的设计流量时，怎样确定降雨历时呢？先观察一下地面雨水如何进入雨水管渠，雨水管渠又是如何排除雨水的。这四个街区的地形均为北高南低，道路是西高东低。雨水管渠沿道路中心线敷设。道路断面呈拱形，中间高，两边低。下雨时，降落在地面上和屋面上的雨水顺着地面坡度流到道路两侧的边沟，而道路边沟的坡度一般是和道路的坡度一致的。当雨水沿着道路边沟流到道路交叉口时，雨水即通过雨水口经检查井流入雨水管渠。

三、重现期

雨水管渠的任务是为了及时地排除地面雨水，最理想的情况是能排除当地的最大暴雨径流量。但这是不现实的，因为用这种最大暴雨径流量作为管渠设计的依据，管渠断面尺寸就会很大，工程造价会相当高，而且平时管渠又不能充分发挥作用。所以雨水管渠的设计应该按若干年内出现一次的降雨量来进行。这个若干年出现一次的期限就称为重现期。

降雨重现期 P 是指相等的或更大的降雨强度发生的时间间隔的平均值，一般以年为单位。

如果按重现期为 10 年的降雨强度设计雨水管渠，雨水管渠平均 10 年满流或溢流一次；按重现期为 1 年的降雨强度设计，平均每年满流或溢流一次。

积水造成的损害是不同的。对工厂区、市中心、重要干道和广场，由于积水造成的损失较大，设计时这些地区采用较高的设计重现期。《室外排水设计标准》（GB 50014—2021）规定：工厂区、广场及干道的雨水管渠采用的设计重现期一般为 0.5 ~ 3 年，居住区一般为 0.33 ~ 2 年；对于重要干道或地区及短期积水即能引起较严重损失的地区，可采用更高的设计重现期。北京天安门广场的雨水管道，是按设计重现期等于 10 年进行设计的。

确定了设计重现期 P 和降雨历时 t 后，就可以运用降雨强度曲线或降雨强度公式计算 i（q）值。

四、径流系数

降落在地面上的雨水并不是全部流入雨水管渠，沿着地面流入管渠的部分称为径流量。径流系数 ψ 是径流量与降雨量的比值：

$$\psi =径流量 / 降雨量 \qquad\qquad （3-3）$$

影响径流系数的因素很多，最主要的是排水面积内的地面性质。地面上的植物生长和分布情况、地面上的建筑面积或道路路面的性质等对径流系数影响很大。地面坡度愈陡，流入雨水管渠的水量愈大，因此径流系数也大。

径流系数也受降雨历时的影响，降雨历时愈长，地面下泥土的湿度愈大，渗入地下的水量愈小，流入雨水管渠的水量就愈多。同时，径流系数还受降雨强度的影响，暴雨的径流系数小，而小雨的径流系数大。

表 3-1 摘自《室外排水设计标准》（GB 50014—2021），表中径流系数 ψ 的取值主要根据地面的种类。排水面积的平均径流系数按加权平均法计算。

表 3-1　径流系数 ψ 值

地面种类	ψ 值	地面种类	ψ 值
各种屋面、混凝土和沥青路面	0.90	干砌砖石和碎石路面	0.40
沥青表面处理的碎石路面	0.60	非铺砌土地面	0.30
级配碎石路面	0.45	公园或草地	0.15

五、雨水管渠设计流量公式

在确定降雨强度 i（q）及径流系数 ψ 后，只要知道设计管段所承担的排水面积，就能计算出设计管段的设计流量，其公式如下：

$$Q = 166.7\psi Fi = \psi Fq \qquad\qquad （3-4）$$

式中：Q——管段的设计流量，L/s；

　　　F——管段的设计排水面积，hm^2；

　　　i——管段的设计降雨强度，mm/min；

　　　q——管段的设计降雨强度，L/（$s \cdot hm^2$）；

　　　ψ——径流系数。

从前面讨论的几点可以看出，降雨历时 t、设计重现期 P 以及径流系数 ψ 等的确定，都带有一定的经验性。因此，计算雨水设计流量公式（3-4），不是一个严格的理论公式，而是一个经验公式。

第三节　雨水管渠水力计算

一、雨水管渠水力计算的设计数据

雨水管道一般采用圆形断面；但当直径超过 2m 时，也可采用矩形、半椭圆形或马蹄形。明渠一般采用矩形或梯形。断面底宽一般不小于 0.3m。边坡视土壤及护面材料而不同。用砖石或混凝土块铺砌的明渠，一般采用 1：0.75 ~ 1：1 的边坡。其主要设计数据如下：

（一）设计充满度

水力计算中，雨水管渠是按满流进行设计的，即 $h/D = 1$。雨水明渠的超高不得小于 0.20m。

（二）设计流速

由于雨水管渠内的沉淀物一般是泥沙、煤屑等。为了防止沉淀，需要较高的流速。《室外排水设计标准》（GB 50014—2021）规定：雨水管渠（满流时）的最小设计流速为 0.75m/s。明渠内发生沉淀后容易清除，所以可采用较低的设计流速，《室外排水设计标准》（GB 50014—2021）规定：明渠的最小设计流速为 0.4m/s。为了防止管壁和渠壁的冲刷损坏，雨水管渠暗管最大允许流速为 5m/s。明渠最大允许流速，当明渠水深 h 为 0.4 ~ 1.0m，根据不同构造按表 3-2 采用。

表 3-2　明渠最大允许流速

明渠构造	最大允许流速（m/s）
粗沙及贫沙质黏土	1.0
沙质黏土	0.8
黏土	1.2

明渠构造	最大允许流速（m/s）
石灰岩或中砂岩	4.0
草皮护面	1.6
干砌块石	2.0
浆砌石块	4.0
浆砌砖	3.0
混凝土	4.0

注：当水深小于 0.4m 或超过 1.0m 时，表中流速应乘以下列系数：

$h < 0.4\text{m}$ 0.85

$h \geqslant 1.0\text{m}$ 1.25

$h \geqslant 2.0\text{m}$ 1.40

（三）最小坡度

为了保证管渠内不发生淤积，雨水管渠的最小坡度应按最小流速计算确定。《室外排水设计标准》（GB 50014—2021）规定：在街坊和厂区内，当管径为 200mm 时，最小设计坡度为 0.004；在街道下，当管径为 250mm 时，最小设计坡度为 0.003；雨水口连接管的最小坡度为 0.01。明渠的最小坡度为 0.0005。

（四）最小管径

为了保证管道养护上的便利，防止管道发生阻塞，《室外排水设计标准》（GB 50014—2021）规定街道下的雨水管道的最小管径为 250mm，街坊和厂区的雨水管道的最小管径为 200mm。

二、满流管道的水力计算图表

混凝土和钢筋混凝土雨水管道的管壁粗糙系数 n 一般采用 0.013。可按有关满流圆形管道水力计算图进行圆形雨水管道的水力计算。对每一个管段讲，通过水力计算主要要确定五个水力因素：管径 D、粗糙系数 n、水力坡降 i、流量 Q、流速 v。一般 n 是已知数，图表上有曲线表示 Q、v、i、D 之间的关系。这四个因素中只要知道两个就可以查出其他两个。

三、雨水管渠的设计步骤

雨水管渠的设计通常按下列步骤进行：

（1）根据城市规划和排水区的地形，在规划图上布置管渠系统，划分干管汇水面积，确定水流方向。绘制水力计算简图。

（2）确定各段管渠的汇水面积和水流方向。将计算面积及各段管长度填写在计算简图中。各支线汇水面积之和应等于相应干管所服务的总汇水面积。

（3）依据地形等高线，读出设计管（渠）段起讫点的地面标高，准备进行水力计算。

（4）按排水区域内的地面性质确定各类地面（屋面）径流系数，按加权平均方法求整个汇水区的平均径流系数。

（5）根据街坊面积的大小，地面种类、坡度，覆盖情况以及街坊内部雨水管渠的完善情况，确定起点地面集水时间。

（6）根据区域性质、汇水面积、地形及管渠溢流后的损失大小等因素，确定设计重现期。

（7）根据降雨强度公式，绘制单位径流量 ψq 与设计降雨历时 t 的关系曲线。

（8）列表进行水力计算，确定管渠断面尺寸、纵向坡度、管渠底标高等，并绘制纵剖面图。

第四节　城市防洪工程规划

一般城市多临近江河、山溪、湖泊或海洋等修建。江河、山溪、湖泊或海洋，它们一方面为城市的发展提供了必要的水源条件，但有时也会给城市带来洪水灾害。因此，为解除或减轻洪水对城市的危害，保证城市安全，往往需要进行城市防洪工程规划。

城市或城市中工业企业防洪规划的主要任务是防止由暴雨而形成巨大的地面径流所产生的严重危害。

一、城市防洪规划的原则

（1）城市防洪规划应符合城市和工业企业的总体规划要求，防洪工程规划设计的规模、范围和布局都必须根据城市和工业企业总体规划制定。同时，城市和工业企业各项工程的规划对防洪工程都有影响。在靠近山区和江河的城市及工业企业尤应特别注意。

（2）合理安排，远近期结合：由于防洪工程的建设费用较大，建设期较长，所以要按轻重缓急做出分期建设的安排。这样，既能节省初期投资，又能及早发挥工程设施的效益。

（3）充分利用原有设施：从实际出发，充分利用原有防洪、泄洪、蓄洪设施，有计划、有步骤地加以改造，使其逐步完善。

（4）尽量采用分洪、截洪、排洪相结合的防洪措施。

（5）不宜在城市上游修建水库：为确保城市和工业企业的安全，在城市和工业企业的上游，一般不宜修建水库，特别是大中型水库。如果必须修建时，应严格按照有关规定进行规划设计。

（6）尽可能与农业生产相结合：防洪措施应尽可能与农业上的水土保持、植树种草、农田灌溉等密切结合。这样既能减少和消除洪灾，保证城市安全，又能搞好农田水利建设，支援农业。

二、城市防洪标准

防洪工程的规模是以所抗御洪水的大小为依据的，洪水的大小在定量上通常以某一重现期（或某一频率）的洪水流量表示。

防洪规划的设计标准，关系到城市的安危，也关系到工程造价和建设期限等问题，是防洪规划中体现国家经济政策和技术政策的一个重要环节。确定城市防洪标准的依据一般有以下几点：城市或工业区的规模；城市或工业区的地理位置、地形、历次洪水灾害情况；当地当时的经济技术条件等。对于上游有大中型水库的城市，防洪标准应适当提高。

目前城建部门对城市防洪标准尚无具体规定，建议参照《水电工程动能设计规范》（NB/T 35061—2015）的有关防护对象的防洪标准采用，见表3-3。

表 3-3 城市防洪标准

城市	工业区	农田面积（万亩）	设计洪水标准	
			频率（%）	重现期（年）
重大城市	重大工业区	> 500	1 ~ 0.3	100 ~ 300
重要城市	重要工业区	100 ~ 500	2 ~ 1	50 ~ 100
中等城市	中等工业区	30 ~ 100	5 ~ 2	20 ~ 50
一般城市	一般工业区	< 30	10 ~ 5	10 ~ 20

三、设计洪水流量计算

相应于防洪设计标准的洪水流量，称为设计洪水流量。此流量是防洪工程规划设计的基本依据。

计算设计洪水流量的方法较多，这里就常用的几种方法作简单的介绍。

（一）推理公式

估算山洪时所用的推理公式和计算雨水管道设计流量公式相似。公式的形式基本一样，但所用单位不同。下面是水利电力部水文科学研究所的推理公式：

$$Q = 0.278 \left(\psi s / t^n \right) F \qquad (3-5)$$

式中：s——与设计重现期相应的最大的一小时降雨量，mm/h；

ψ——洪峰径流系数；

t——流域的集流时间，h；

F——流域面积，km^2；

Q——设计洪峰流量，m^3/s；

n——与当地气象有关的参数。

这个推理公式的适用范围为流域面积，$F \leqslant 500km^2$。公式中各参数的确定方法，需要查阅较多的计算图表，可参考《给排水设计手册》有关洪峰流量计算的内容。

（二）经验公式

在缺乏水文直接观测资料的地区，可采用经验公式。常见的经验公式以流域面积为参变数。"公路科学研究所"的经验公式：

$$Q = CF^m \tag{3-6}$$

式中：Q——洪峰流量，m^3/s；

C——径流模数，是概括了流域特征、气候特征、河槽坡度和粗糙程度及降雨强度公式中的指数 n 等因素的综合系数，可根据不同地区采用；

F——流域汇水面积，km^2；

m——面积参数，当 $F \le 1km^2$ 时，$m = 1$。

此经验公式适用于流域面积小于 $10km^2$。

经验公式的优点是，一旦在某地区制定出公式后，使用极为方便，如果公式建立在资料较为丰富且可靠的基础上，则由于使用时只需要决定流域面积大小，所以因使用者的主观偏差而发生的误差不会太大。但它的地区性较强，在采用现成公式到新区时，必须注意两地区条件是否基本相同。经验公式很多，可参阅有关资料和各省水文手册。

（三）洪水调查法

当城市或工业区附近的河流或沟道没有实测资料或资料不足时，设计洪水流量一般采用洪水调查法进行推算。有时采用推理公式或经验公式进行计算，为了试证其准确性，也可以采用洪水调查法推算洪水流量加以验证。

洪水调查主要是指河流、山溪历史出现的特大洪水流量的调查和推算。调查的主要内容是历史上洪水的概况及洪水痕迹标高。调查的方法主要是查阅有关地区的地方志、宫廷档案以及水利专著，沿河道查阅碑文和某些建筑物上的文字记载。这些历史记载是调查历史洪水的主要依据；调查访问河道附近的群众，特别是祖祖辈辈居住在附近的老年人，他们对河道情况熟悉。通过这些老年人对洪水的回忆以及祖辈流传的有关洪水的传说都是历史洪水的宝贵资料；在查阅文献和查访群众的基础上，还应沿河道两岸进行实地踏勘。沿河踏勘主要是寻找和判断洪水痕迹。

通过洪水调查，取得了洪痕标高（洪水水位）、调查河段的过水断面及河道的其他特征数值，根据这些数值，即可整理分析计算洪水流量。计算洪水流量的方法较多，用均匀流基本公式计算是常用的方法之一。

（四）实测流量法

城市上游河流设有水文站，且具有 20 年以上的流量等实测资料，利用这些多年实测资料，采用数理统计方法，计算出相应各重现期的洪水流量。计算成果的准确性优于其他几种方法。在有条件的地区，最好采用实测流量推算洪水流量。

四、防洪措施简述

防治洪水，目前一般采取以蓄为主或以排为主两种防洪措施。以蓄为主的防洪措施：

（一）水土保持

修建谷坊、塘、埝，植树造林以及改造坡地为梯田等，在流域面积上控制径流和泥沙，不使其流失和大量进入河道，这是一种在大面积上保持水土的有效措施，既有利于防洪，又有利于农业。

（二）水库蓄洪调节洪峰流量

在防泛区上游河道适当位置修建水库，拦蓄洪水或滞蓄洪水，削减下游河道的洪峰流量，可以减轻或消除洪水灾害。在缺水地区，可以调节枯水径流，增加枯水流量，保证供水。这是我国目前广泛采用的一种防洪措施。

以排为主的防洪措施：

（1）修筑堤坝：修筑堤坝在于增加河道两岸高度，提高河槽泄洪能力，有时也可以起到束水攻沙的作用。平原地区河流多采用这种防洪措施。

（2）整治河道：主要对河道（或沟道）截弯取直或加深河、加大河道过水断面，使水流通畅，水位降低，提高行洪能力。

一般处于河流上、中游的城市，可采用以蓄为主的防洪措施。处于河流下游的城市，可采用以排为主的防洪措施，或兼用其他措施。

五、排洪沟渠

排洪沟渠是应用较为广泛的一种防洪工程设施，特别是山区城市和工业区应用更多。

排洪沟渠按作用和设置的位置可分为截洪沟、分洪渠和排洪沟。其断面形式通常是梯形和矩形明渠。渠底宽一般为 0.4 ~ 0.6m，安全超高可采用 0.3m。当必须采用暗沟渠时，断面尺寸应考虑检修条件，一般不小于 0.9m（宽）× 1.2m（高）。傍山修建的排洪沟渠应避免采用明土沟，而广泛采用片石、块石铺砌。

第四章　给排水管道系统的管理与维护

第一节　给排水管道技术信息管理系统

为了维持管网的正常工作，保证安全供水，必须做好日常的管网养护管理工作，其内容包括建立技术档案、检漏和修漏、水管清垢和防腐蚀、用户接管的安装、清洗和防冰冻、管网事故抢修、检修阀门、消火栓、流量计和水表等。

为了做好上述工作，必须熟悉管线的情况、各项设备的安装部位和性能、用户接管的地点等，以便及时处理。平时要准备好各种管材、阀门、配件和修理工具等，以便于抢修。

一、给水管道系统（管网）技术资料整理

（一）管网建立档案的必要性

城市给水管网技术档案是在管网规划、设计、施工、运行、维修和改造等技术活动中形成的技术文献，它具有科学管理、科学研究、接续和借鉴、重复利用和技术转让、技术传递及历史利用等多项功能。它由设计、竣工、管网现状三部分组成，其日常管理工作包括建档、整理、鉴定、保管、统计、利用六个环节。

建档是档案工作的起点，城市给水管网的运行可靠性已成为城市发展的一个制约因素，因此它的设计、施工及验收情况，必须要有完整的图样档案。并且在历次变更后，档案应及时反映它的现状，使它能方便地为给水事业服务，为城市建设服务，这是给水管技术档案的管理目的，也是城市给水管网实现安全运行和现代化管理的基础。

随着近年来我国经济的飞速发展以及人民生活水平的不断提高，给水系统日趋完善，但仍然有很多普遍存在的问题，如设计、施工和管理质量差，重大事故较多，技术水平差，运行效率低，决策失误，大量资金浪费等。出现这些情况的原因，就是因为没有充分发挥管网技术档案的作用，找不到管网出毛病的准确原因。管网安全运行所采取的技术措施针对性较差，也就不会收到好的效果。因此，要想利用有限的资金，解决旧系统的运行困难以及新系统的合理建设，兼顾近期和远期效益，迫切需要建立完善的给水管网技术档案。

（二）给水管网技术资料的主要内容

给水管网技术资料的内容包括以下几部分：

（1）设计资料：设计资料是施工标准，又是验收依据，竣工后则是查询的依据。其内容有设计任务书、输配水总体规划、管道设计图、管网水力计算图、建筑物大样图等。

（2）施工前资料：在管网施工时，按照住房和城乡建设部颁布的《市政工程施工技术资料管理规定》及省市关于建设工程竣工资料归档的有关要求，市政给水管道应按标准及时归档，归档内容包括：开工令，监理规划，监理实施细则，监理工程师通知，质量监督机构的质检计划书及质量监督机构的其他通知及文件，原材料、成品、半成品的出厂合格证证明书，工序检查记录，测量复核记录等。

（3）竣工资料：竣工资料应包括管网的竣工报告，管道纵断面上标管顶竣工高程，管道平面图上标明节点竣工坐标及大样、节点与附近其他设施的距离。竣工情况说明包括：完工日期，施工单位及负责人，材料规格、型号、数量及来源，槽沟土质及地下水情况，同其他管沟、建筑物交叉时的局部处理情况，工程事故处理说明及存在隐患的说明；各管段水压试验记录，隐蔽工程验收记录，全部管线竣工验收记录；工程预、决算说明书以及设计图样修改凭证等。

（4）管网现状图：管网现状图是说明管网实际情况的图样，反映了随着时间推移管道的减增变化，是竣工修改后的管网图。

①管网现状图的内容。

总图：包括输水管道的所有管线，管道材质、管径、位置、阀门、节点位置及主要用户接管位置，比例为 1：2000 ～ 1：10000。

方块现状图：是现状资料的详图，应详细地标明支管与干管的管径、材质、坡度、方位、节点坐标、位置及控制尺寸、埋设时间、水表位置及口径，比例一般为1：500。

用户进水管卡片：卡片上应有附图，标明进水管位置、管径、水表现状、检修记录等，要有统一编号，专职统一管理，经常检查，及时增补。

阀门和消火栓卡片：要对所有的消火栓和阀门进行编号，分别建立卡片，卡片上应记录地理位置、安装时间、型号、口径及检修记录等。管道越过河流、铁路等的结构详图。

②管网现状图的整理。要完全掌握管网的现状，必须将随时间推移所发生的变化、增减及时标到综合现状图上。现状图主要标明管道材质、直径、位置、安装日期和主要用水户支管的直径、位置，包括供规划、行政主管部门作为参考的详图。

在建立符合现状的技术档案的同时，还要建立节点及用户进水管情况卡片，并附详图。资料管理人员每月要对用户卡片进行校对、修改，对事故情况和分析记录、管道变化、阀门消火栓的增减等，均应整理存档。

为适应快速发展的城市建设需要，已逐步开始采用供水管网图形与信息的计算机存储管理，以代替传统的手工方式。

二、给水管道系统（管网）地理信息系统

（一）地理信息系统简介

地理信息系统简称为 GIS（Geographical Information System），是计算机硬件、软件和不同的方法组成的系统，该系统设计用来支持空间数据的采集、管理、处理、分析和现实，以便解决复杂的规划和管理问题。

1.地理信息系统的含义

（1）地理信息系统由若干个相互关联的子系统构成，如数据采集子系统、数据管理子系统、数据处理和分析子系统、可视化表达与输出子系统等。

（2）地理信息系统的技术优势在于它有效的数据集成、独特的地理空间分析能力、快速的空间定位搜索和复杂的查询功能、强大的图形可视化表达手段，以及空间决策支持功能等。

（3）地理信息系统与地理学和测绘学有着密切的关系。地理学为地理信息系统提供了有关空间分析的基本观点与方法，是地理信息系统的基础理论依托。

2.地理信息系统的组成

一个实用的地理信息系统，要支持对空间数据的采集、管理、处理、分析、建模和显示等功能，其基本组成一般包括系统硬件、系统软件、空间数据、应用人员和应用模型五个主要部分。

3.地理信息系统的功能

由计算机技术与空间数据相结合而产生的地理信息系统技术，包含了处理信息的各种高级功能，它的基本功能是数据的采集、管理、处理、分析和输出。地理信息系统依托这些基本功能，通过利用空间分析技术、模型分析技术、网络技术、数据库和数据集成技术、二次开发环境等，演绎出丰富多彩的系统应用功能，满足用户的广泛需求。

（二）给水管网地理信息系统的功能与组成

地理信息系统在水务领域的分支被称为给水管网地理信息系统。给水管网地理信息系统图形与数据（如管线类型、长度、管材、埋设年代、权属单位、所在道路名称等）之间可以双向访问，即通过图形可以查找其相应的数据，通过数据也可以查找其相应的图形，图形与数据可以显示于同一屏幕上，使查询、增列、删除、改动等操作直观、方便。

许多专家在地理信息系统技术应用于给水管网档案管理方面做了大量的研究，一些城市已建立了给水管网图形信息管理系统，并积累了不少实际操作经验。

1.给水管网地理信息系统的功能

通过地理信息系统技术建立的给水管网信息系统一般可实现以下功能：

（1）资料的电子化管理。利用计算机存储供水管网的建设、维修保养等工程竣工资料，可以避免纸质资料的遗失损坏，同时实现资料的动态管理。大城市的供水网络纵横交错，管线数量庞大，管网管理难度大。以前大量的竣工资料和图标采取人工管理，存档在资料室。随着管网建设的不断发展和管理水平要求的不断提高，手工管理很难做到科学高效，各种资料容易损坏丢失，信息检索查阅也非常不方便，遇到紧急情况无法及时得到相关准确信息。传统的手工资料管理方式已不适应给水行业的发展需要。给水管网地理信息系统将管线的地理位置信息与属性信息相结合，通过资料输入、数据储存、数据库连接、信息查询、资料输出等一系列操作，可以给行业各部门提供高效、准确的信息服务。

（2）管网的查询、统计、计算和分析。利用地理信息系统可以方便地对各种信息进行查询，如地名、管径、安装年限等。

（3）管网故障分析与处理。当涉及管道作业时往往需要进行停水作业，这时必须认真查询信息系统上的用户信息，正确了解受影响的用户分布。通过模拟管网停水的关阀方案，可以准确显示停水区域图，给出停水预处理方案并帮助客户服务部门准确及时地通知受影响的用户，告知其停水的起止时间，提高服务水平。

（4）地理信息系统是其他信息系统的基础，如水力模型等。水力模型的建立需要大量与实际相符的用户信息和管网信息，地理信息系统可以为水力模型的建立提供重要的数据支持。

2. 给水管网地理信息系统的信息组成

给水管网地理信息系统的信息包括地理信息、管网信息、设备信息、维护信息。

（1）地理信息：包括管道所在的区号、街道名、下水道井盖位置以及用户接口所在的建筑物门牌号等。

（2）管网信息：包括管网位置信息、管道特性信息（直径、材料、连接口类型、支撑物类型、管道状况、支撑物状况、连接口状况、核对日期、核对性质、长度、敷设时间、敷设动因、更新日期、更新的性质、项目编号等）以及管道之间的连接关系。

（3）设备信息：包括设备类型、直径、详细信息、编号、状态等。

（4）维护信息：即管网的维修养护信息，包括时间、地点、维修内容、竣工图等。

3. 给水管网水力模型系统

管网水力模型系统是以管网地理信息系统作为基础建立起来的管网仿真系统，借助集成化的数据采集与控制（Supervisory Control and Data Acquisition，SCADA）系统、供水营销服务系统的数据对其定期进行校核，实现对管网的水力运行状态在线模拟，对管网多工况的延时校验和对管网未来的调度决策进行预测模拟。

建立管网的静态连续数学模型，并进行静态连续模拟，可以判断管网的运行工况和设计规划的合理程度，了解运行规律，实现设计和运行管理的科学化。

管网水力模型是进行管网分析计算的基础，其基于对管网拓扑结构、管网中节点、管段、水泵、阀门、水库等组件的水力分析，可以较为详细地表达管网中各管段、节点、水泵、水库、阀门的水力要素和水力状态。它对管网规划、调度方案的优化、管网日常运行管理等都具有相当重要的作用。

三、排水管道系统（管网）地理信息系统

地理信息系统能够描述与空间和地理分布有关的数据，基于地理信息系统技术的排水管网信息管理系统将基础地理信息和排水管网有效地融合为一体，以实现对排水管网的动态管理和维护。

建立排水管网地理信息系统，首先需要对辖区排水管网进行普查，获取基础数据，数据的准确性、全面性是以后各项工作的基础。排水管网普查主要采用物探、测量等方法查明排水管道现状，包括的内容有排水管线和窨井的空间位置、埋深、形状、尺寸、材质及附属设施的大小等。我国较早就开展了地下管线普查的工作，经过多年的发展和积累，管线普查已经形成了成熟的技术标准和规范，为排水管网普查和数据采集奠定了基础。排水管网普查是涉及物探、测绘、计算机、地理信息等多专业的综合性系统工程，包括排水管线探查、排水管线测量、建立排水管线数据库、编制排水管线图、工程监理和验收等部分。

建立基于地理信息系统的排水管网信息管理系统。排水管网信息系统是在硬件、软件和网络的支持下，对排水管线普查信息进行存储、分析管理和提供用户应用的技术系统，是体现普查后实现管网数据科学化的管理保证。排水管网信息管理系统包含的功能有数据检查、数据入库和编辑、地图管理、查询与统计、空间分析、排水管道检测管理、管道养护管理、数据输出、用户管理等。

第二节 给水管道系统维护与管理

一、给水管道清垢

（一）结垢的主要原因

（1）水中含铁量过高：水中的铁主要以酸式碳酸盐、碳酸亚铁等形式存在。以酸式碳酸盐形式存在的铁最不稳定，其分解出二氧化碳，而生成碳酸亚铁，经水解生成氢氧化亚铁，氢氧化亚铁与水中溶解的氧发生氧化作用，转为絮状沉淀的氢氧化铁。铁细菌是一种特殊的自养菌类，它依靠铁盐的氧化，顺利地利用细菌本身生存过程中所产生的能量而生存。由于铁细菌在生存过程中能排出超过其本身体积近 500 倍的氢氧化铁，所以若干年后会使管道过水断面严重堵塞。

（2）生活污水、工业废水的污染：由于生活污水和工业废水未经处理大量泄入河流，河水渗透补给地下水，地下水的水质逐年变差。个别水源检出有机物、金属指标超标率严重。这些水源水经处理后已不符合生活饮用水水质标准，因此，管网的腐蚀和结垢现象更为严重。

（3）水中碳酸钙（镁）沉淀：在所有的天然水中几乎都含有钙（镁）离子，同属水中的酸式碳酸根离子转化成二氧化碳和碳酸根离子，这些钙（镁）离子和碳酸根离子化合成碳酸钙（镁），难溶于水而变为沉渣。

（二）管道清垢的方式

结垢的管道输水阻力加大，输水能力减小，为了恢复管道应有的输水能力，需要刮管涂衬。管道清洗也就是管内壁涂衬前的刮管工序，清洗管内壁的方式分为水力冲洗、机械清洗和化学清洗三种方式。

1. 水力冲洗

（1）水冲洗。管内结垢有软有硬，清除管内松软结垢的常见方法是用压力水对管道进行周期性冲洗，冲洗的流速应大于正常运行速度的 1.5 ~ 3 倍。能用压力水冲洗掉的管内松软结垢，是指悬浮物或铁盐引起的沉积物，虽然它们沉积于管底，但同管壁间附着得不牢固，可以用水清洗清除。

为了有利于管内结垢的清除，在需要冲洗的管段内放入冰球、橡皮球、塑料球等，利用这些球可以在管道变小了的断面上造成较大的局部流速，冰球放入管内后是不需要从管内取出来的。对于局部结垢较硬的管道，可在管内放入木塞，木塞两端用钢丝绳连接，来回拖动木塞以加强清除效果。

（2）高压射流冲洗。利用 5 ~ 30MPa 的高压水，靠喷水向后射出所产生向前的作用力推动运动，管内结垢脱落、打碎、随水流排掉。此种方法适于中、小管道，一般采用的高压胶管长度为 50 ~ 70m。

（3）气压脉冲法清洗。该法的设备简单、操作方便、成本不高，进气和排水装置可安装在检查井中，因而无须断管或开挖路面。

2. 机械清洗

管内壁形成了坚硬结垢，仅仅用水力冲洗是难以解决问题的，这时就要采用机械刮除。

刮管器有多种形式，对于较小口径水管内的结垢刮除，是由切削环、刮管环和钢丝刷等组成的，用钢丝绳在管内使其来回拖动，先由切削环在水管内壁结垢上刻划深痕，然后由刮管环把管垢刮下，最后用钢丝刷刷净。

3. 化学清洗

把一定浓度（10% ~ 20%）的硫酸、盐酸或食醋灌进管道内，经过足够的浸泡时间（约 16h），使各种结垢溶解，然后把酸类排走，再用高压水流把管道冲洗干净。

二、阀门的管理

（一）阀门井的安全要求

阀门井是地下构筑物，处于长期封闭状态，空气不能流通，造成氧气不足。所以井盖打开后，维修人员不可立即下井工作，以免发生窒息或中毒事故。应首先使其通风半小时以上，待井内有害气体散发后再行下井。阀门井设施要保持清洁、完好。

（二）阀门的启闭

阀门应处于良好状态，为防止水锤的发生，启闭要缓慢进行。管网中的普通阀门仅作启闭用，为减少损失，开则全开，关则关严。

（三）阀门故障及原因

阀门使用过程中，可能会出现多种故障，如阀杆端部和启闭钥匙之间打滑，其主要原因是规格不吻合或阀秤端部棱边损坏；阀门关不严，其主要原因是阀体底部有杂物沉积，可在来水方向装设沉渣槽清除杂物；阀杆无法转动，可能是因其长期处于水中，造成锈蚀所致。因钢制杆件易锈蚀，为避免锈蚀卡死，阀门应经常活动，每季度一次为宜，若阀杆用不锈钢杆件，阀门螺母用铜合金制作，则可减轻锈蚀。

（四）阀门的技术管理

阀门现状图样应长期保存，其位置和登记卡必须一致。每年要核查图、物、卡。工作人员要在图、卡上标明阀门所在位置、控制范围、启动转数、启闭所用工具等。

阀门启闭完好率应为100%。对阀门应按规定的巡视计划进行周期巡视，每次巡视时，对阀门的维护、部件的更换、油漆等均应做好记录。启闭阀门要由专人负责，其他人员不得启闭阀门。管网控制阀门的启闭，应在夜间进行，以防影响用户用水稳定。对管网末端管段，要定期排水冲洗，以确保管道内水质良好。要经常检查排气阀的运行状况，以免负压和水锤现象发生。

三、给水管道系统（管网）监测

（一）监测管网压力、流量的重要性

管网测压、测流是加强管网管理的重要内容，由此可系统地掌握输配水管网的工作状况、节点压力变化、管道内水的流向、流量等，是城市给水系统日常调度的基础。长期收集、分析管网测压、测流资料，进行管道粗糙系数 n 值的测定，可作为改善管网经营管理的依据。通过测压、测流及时发现和解决环状管网中的疑难问题。

通过对各段管道压力、流量的测定，可核定管道中的阻力变化，查明管道中结垢严重的管段，从而有效地指导管网养护检修工作，必要时对某些管段进行刮管涂衬的大修工程，使管道恢复较优的水力条件。当新敷设的主要输配水干管投入使用前后，通过对全管网或局部管网进行测压、测流，还可判断新建管道对管网输配水的影响程度。管网的改建与扩建也需要以积累的测压、测流数据为依据。

（二）管道压力监测

管道压力监测应选择有代表性的测压点，在同一时间测读各点水压值。测压点的选定既要反映实际水压情况，又要均匀合理布局，使每一测压点能代表附近地区的水压情况。测压点以设在大中口径的干管上为主，一般设在输配水干管的交叉点附近，大型用水户的分支点附近，水厂、加压站及管网末端等处。当测压、测流同时进行时，测压孔和测流孔可合并设立。

测压时可将压力表安装在消火栓或给水龙头上，定时记录水压，若有自动记录压力仪则更好，可以得出 24h 的水压变化曲线。绘制节点水压等值线图以反映各条管段的负荷，绘制服务水头等值线图以反映管网内是否存在低水压区。在城市给水系统的调度中心，为了及时掌握管网控制节点的压力变化，往往采用远传指示的方式把管网各节点压力数据传递到调度中心。

管道压力测定的常用仪表是压力表，有单圈弹簧管压力表，电阻式、电感式、电容式，应变式、压阻式、压电式、振频式等远传压力表。单圈弹簧管压力表常用于压力的就地显示，远传压力表可通过压力变送器将压力转换成电信息，用有线或无线的方式把信息传递到终端（调度中心）显示、记录、报警、自控或数据处理等。

（三）管道流量监测

管道流量监测是指测定管段中水的流向、流速和流量。在环状管网每一个管段上应设测流孔，当管段较长，引接分支管较多时，常在管段两端各设一个测流孔；当管段较短且无支管时，可设一个测流孔，若管段中有较大的分支输水管，可适当增加测流孔。测流孔设在直线管段上，距离分支管、弯管、阀门应有一定间距，有些城市规定测流孔前后直线管段长度为 30 ~ 50 倍管径值。测流孔应选择在交通不频繁、便于施测的地段，并砌筑在井室内。

流量监测可用不同形式的流量计，如超声波流量计、插入式流量计等。

四、给水管道系统（管网）漏损控制管理

（一）给水管网漏水的原因

城市给水管网漏水损耗是相当严重的，其中绝大部分为地下管道的接口暗漏所致。据多年的观察和研究，漏水有以下几个原因：

（1）管材质量不合格。

（2）接口质量不合格。

（3）施工质量问题：管道基础不好，接口填料问题，支墩后座土壤松动，水管弯折角度偏大，易使接头坏损或脱开，埋设深度不够。

（4）水压过高时水管受力相应增加，爆管漏水概率也相应增加。

（5）温度变化。

（6）水锤破坏。

（7）管道防腐不佳。

（8）其他工程影响。

（9）道路交通负载过大。如果管道埋没过浅或车辆过重，会增加对管道的动荷载，容易引起接头漏水或爆管。

（二）给水管网漏损控制管理技术

1. 独立计量区

独立计量区技术首先在英格兰和威尔士获得广泛应用。英国实施国家漏损控制模式，规定必须实施分区计量。受到英国漏损控制策略效果的鼓舞，许多国家和地区的供水企业也开始逐步对供水管网实施独立计量区管理并取得显著成效。但由于国内城市供水管网多为环状，对供水管网进行独立计量区划分存在一定困难，独立计量区技术在国内还没有得到大规模应用。

独立计量区是指供水管网中具有永久性边界的、相对独立的供水区域，一般通过关闭阀门使区域内管网独立于其他市政管网，进出区域的流量都用流量计计量。

2.区域压力控制

区域压力控制是指将市政供水管网整体区域压力通过水力模型模拟或实地测量的方法，结合城市道路与供水主干线进行合理分区，在满足区域最不利配水点压力、确保水质安全的情况下，通过安装自动减压装置或调整闸门开启度的方式，实现区域压力调整、优化管网运行工况的一种管网调控方法。

供水压力过高导致管网渗漏水量增加、爆管事故发生的概率增大，影响管网的正常运行。区域压力控制是节水减漏的重要手段，它作为一项成熟技术，在许多地区得到应用，并取得显著成效。

3.传统漏水检测方法

传统漏水检测常采用音频检漏的方法。当水管有漏水口时，压力从小口喷出，水就会与空气发生摩擦，能量汇集在孔口处，孔口处就形成振动。音频检漏法分为阀栓听音和地面听音两种，前者用于漏水点预定位，后者用于精确定位。漏水点预定位法主要分为阀栓听音法和噪声自动监测法。

（1）漏水点预定位法。

①阀栓听音法：阀栓听音法使用听漏棒或电子放大听漏仪直接在管道暴露点（如消火栓及暴露的管道等）听测由漏水点产生的漏水声，从而确定漏水管道，缩小漏水检测范围。

②噪声自动监测法：漏水噪声记录仪是由多台数据记录仪和一台数据采集器组成的整体化声波接收系统。只要将记录仪放在管网的不同地点，如消火栓、阀门及其他管道暴露点等，按预设时间（如深夜 2：00—4：00）同时自动开、关记录仪。数据采集器在漏水噪声记录仪附近时，可以通过无线方式接收漏水噪声记录仪的监测和分析结果，从而快速探测装有记录仪的管网区域内是否存在漏水。

（2）漏水点精确定位法：当通过预定位方法确定漏水管段后，用电子放大听漏仪在地面听测地下管道的漏水点，并进行精确定位。听测方式为沿着漏水管道走向以一定间距逐点听测比较，当地面拾音器越靠近漏水点时，听测到漏水声越强，在漏水点上方达到最大。

（3）相关检漏法：相关检漏法是当前最先进、最有效的一种检漏方法，特别适用于环境干扰噪声大、管道埋设太深或不适宜用地面听漏法的区域。用相关仪可快速准确地测出地下管道漏水点的精确位置。一套完整的相关仪是由一台相关仪主机（无线电接收机和微处理器等组成）、两台无线电发射机（带前置放大器）和两个高灵敏度振动传感器组成。其工作原理为：当管道漏水时，在漏水口处会产生漏水声波，该波沿管道向远方传播，当把传感器放在管道或连接件的不同位置时，相关仪主机可测出该漏水声波传播到不同传感器的时间差 t，只要给定两个传感器之间管道的实际长度 L 和声波在该管道的传播速度 v，漏水点的位置 L_x 就可根据式（4–1）计算出来，其中，漏水声波在管道中的传播速度 v 取决于管材、管径和管道中的介质，单位为 m/s，可全部存入相关仪主机中。

$$L_x = \frac{L - vt}{2} \tag{4-1}$$

（4）区域装表法：把整个给水管网分成小区域，凡是和其他地区相通的阀门全部关闭，小区域内暂停用水，然后开启装有水表的一条进水管上的阀门，使小区域进水。如小区域内的管网漏水，水表指针将会转动，由此可读出漏水量。

（5）质量平衡检漏法：质量平衡检漏法的工作原理为：在一段时间内，测量的流入质量可能不等于测得的流出质量。

（6）水力坡降线法：水力坡降线法的技术较复杂。这种方法是根据上游站和下游站的流量等参数，计算出相应的水力坡降，然后分别按上游站出站压力和下游站进站压力作图，其交点就是理想的泄漏点。但是这种方法要求准确测出管道的流量、压力和温度值。

（7）统计检漏法：是一种不带管道模型的检漏系统。该系统根据在管道的入口和出口测取的流体流量和压力，连续计算泄漏的统计概率。对于最佳检测时间的确定，使用序列概率比试验方法。当测漏确定后，可通过测量流量和压力及统计平均值估算泄漏量，用最小二乘算法进行泄漏定位。

（8）基于人工神经网络的检漏方法：基于人工神经网络检测管道泄漏的方法，能够运用自适应能力学习管道的各种工况，对管道运行状况进行分类识别，是一种基于经验的类似人类的认识过程的方法。试验证明，这种方法是十分灵敏和有效的。这种检漏方法能够迅速准确预报出管道运行情况，检测管道运行故障并且有较强的抗恶劣环境和抗噪声干扰的能力。

4. 管网漏水的处理

针对管道的渗漏问题，应从以下几个方面进行预防：

（1）材料的采购过程应加以严格控制，仔细检查。施工中对于各个批次的管材、管件的使用情况做好记录，一旦发现问题，应及时更换。

（2）对于已经施工完成的管道应做好保护措施。管道安装后，应和其他工种的作业人员加强沟通，在管道和其他管道、设备交叉处标示管道的位置，避免施工安装时对管道造成损坏。定期巡检，发现有管道损坏应及时维修。

（3）对施工人员进行相关技术培训，交代技术要点，把相关责任要落实到个人。

（4）对于塑料管材安装，应对其伸缩性采取相应措施进行预防。对于非直埋管道的敷设，热胀冷缩变形比较明显，应考虑采用相应的技术措施予以处理。

如果出现渗漏问题，首先要寻找漏水点，然后分析漏水原因，根据漏水原因采取相应措施进行处理，常用的方法有：对于材料不合格的要更换管材、管件；对于施工操作不合格引起的质量问题一概要求返工，重新安装；而对于由于热胀冷缩造成的渗漏，则可考虑上述技术措施进行整改。

五、给水管道系统（管网）水质管理和供水调度

城市供水系统一般由取水设施、净水厂、送水泵站（配水泵站）和输配水管网构成。供水系统从水源取水，送入净水厂进行净化处理，经泵站加压，将符合国家水质标准的清洁水通过管网送至用户。城市供水系统通常是由若干座净水厂向配水管网供水。每座净水厂的送（配）水泵站设有数台水泵（包括调速水泵），根据需水量进行调配。此外，某些给水区域内的地形和地势对配水压力影响较大时，在配水管网上可设有增压泵站、调蓄泵站或高位水池等调压设施，以保证为用户安全、可靠和低成本供水。

城市供水系统的调度工作主要是掌握各净水厂送水量、配水管网特征点的运行状态，根据预订配水需求计划方案进行生产调度，并且进行供水需求趋势预测、管网压力分布预期估算与调控和水厂运行的宏观调控等。

（一）城市供水调度的目的与任务

城市供水调度的目的是安全可靠地将符合水压和水质要求的水送往每个用户，并最大限度地降低供水系统的运行成本。既要全面保证管网的水压和水质，又要降低漏水损失和节省运行费用；不仅要控制水泵（包括加压泵站的水泵）、

水池、水塔、阀门等的协调运行，并且要能够有效地监视、预报和处理事故；当管网服务区域内发生火灾、管道损坏、管网水质突发性污染、阀门等设备失控等意外时，能够通过水泵、阀门等的控制，及时改变部分区域的水压，隔离事故区域，或者启动水质净化或消毒等设备。

供水管网水质控制是城市供水调度的一项新内容，受到越来越多的重视。我国《生活饮用水卫生标准》对出厂水和管网水质提出了严格的要求，这使得通过运行调度手段来保证管网水质变得非常必要。供水管网水质保护和控制的主要对象是管道中水的物理、化学变化过程和水的流经时间，合理调度管网系统，控制管道中水流速度，是保证管网水质稳定和安全的重要措施。

城市的供水管网往往随着用水量的增长而逐步形成多水源的供水系统，通常在管网中设有中间水池和加压泵站。对于多水源供水系统，调度管理部门或调度中心应及时了解整个供水系统的生产运行情况，采取有效的科学方法和强化措施，执行集中调度的任务。通过管网的集中调度，各水厂泵站不再只根据本水厂水压大小来启闭水泵，而是由调度中心按照管网控制点的水压确定各水厂和泵站运行水泵的台数。这样，既能保证管网所需的水压，又可避免因管网水压过高而浪费能量。通过调度管理，可以改善运转效果，降低供水的耗电量和生产运行成本。

调度管理部门是整个管网也是整个供水系统的管理中心，不仅要负责日常的运行管理，还要在管网发生事故时，立即采取措施。要做好调度工作，必须熟悉各水厂和泵站的设备，掌握管网的特点，了解用户的用水情况。

（二）我国城市供水调度的现状及发展方向

目前，国内大多数城市的供水管网系统仍采用传统的人工经验调度方式，其主要依据为区域水压分布，利用增加或减少水泵开启的台数，使管网中各区域水的压力能保持在设定的服务压力范围之内。许多自来水公司在调度中心对各测点的工艺参数集中检测，并用数字显示、连续监测和自动记录，还可发现记录事故情况。不少城市的水厂已建立城市供水的数据采集和监控系统，并通过在线的、离线的数据分析和处理系统以及水量预测预报系统等，逐渐向优化调度的方向发展。

随着现代科学技术的快速发展，仅凭人工经验调度已不能符合现代化管理的要求。现代城市供水调度系统越来越多地采用四项基础技术：计算机技术、通信技术、控制技术和传感技术，简称 3C+S 技术或信息与控制技术。而在此基础上的应用技术包括管网模拟、动态仿真、优化调度、实时控制和智能决策等，正在逐步得到应用。随着我国供水企业技术资料的积累和完善，管理水平的提高，应用条件将逐步具备，应用效益也会逐渐明显地体现出来。

根据技术应用的深度和系统完善程度，可以将管网运行调度系统分为如下三个发展阶段：人工经验调度、计算机辅助优化调度、全自动优化调度与控制。

城市供水调度发展的方向：实现调度与控制的优化、自动化和智能化；实现与水厂过程控制系统、供水企业管理系统的一体化进程。充分利用计算机信息化和自动控制技术，包括管网地理信息系统、管网压力、流量及水质的遥测和遥讯系统等，通过计算机数据库管理系统和管网水力及水质动态模拟软件，实现供水管网的程序逻辑控制和运行调度管理。供水系统的中心调度机构须有遥控、遥测、遥信等成套设备，以便统一调度各水厂和泵站的动态平衡。对管网中有代表性的测压点及测流点进行水压和流量遥测，对所有水库和水塔进行水位遥测，对各水厂和泵站的出水管进行流量遥测，对所有泵站的水泵机组和主要阀门进行遥控，对泵站的电压、电流和运转情况进行遥信。根据传示的情况，结合地理信息管理与专家分析系统，综合考虑水源与制水成本，实现全局优化调度是城市供水调度的最高目标。

（三）城市供水调度系统的组成

现代城市供水调度系统就是应用自动检测、现代通信、计算机网络和自动控制等现代信息技术，对影响供水系统全过程各环节的主要设备、运行参数进行实时监测、分析，提出调度控制依据或拟定调度方案，辅助供水调度人员及时掌握供水系统实际运行工况，并实施科学调度控制的自动化信息管理系统。

目前，国内供水行业应用现代信息技术的调度系统，多数仍为由自动化信息管理系统辅助调度人员实施调度控制工作，属于一种开放信息管理控制系统（即半自动控制系统）。只有当供水调度管理系统满足基础档案资料完备且准确，检测、通信、控制等技术及设备可靠，检测、控制点分布密度合理，与地理信息管理、专家分析系统有机结合后，才有可能实现真正的全自动化计算机调度。

城市供水调度系统由硬件系统和软件系统组成，可分为以下几个组成部分：

1. 数据采集与通信网络系统

包括检测水压、流量、水质等参数的传感器、变送器；信号隔离、转换、现场显示、防雷、抗干扰等设备；数据传输（有线或无线）设备与通信网络；数据处理、集中显示、记录、打印等软硬件设备。通信网络应与水厂控制系统、供水企业生产调度中心等连通，并建立统一的接口标准与通信协议。

2. 数据库系统

即调度系统的数据中心，与其他三部分具有紧密的数据联系，具有规范的数据格式（数据格式不统一时，要配置接口软件或硬件）和完善的数据管理功能。一般包括：地理信息系统（CIS），存放和处理管网系统所在的地形、建筑、地下管线等图形数据；管网模型数据，存放和处理管网图及其构造和水力属性数据；实时状态数据，如各监测点的压力、流量、水质等数据，包括从水厂过程控制系统获得的水厂运行状态数据；调度决策数据，包括决策标准数据（如控制压力、水质等）、决策依据数据、计算中间数据（如用水量预测数据）、决策指令数据等；管理数据，即通过与供水企业管理系统接口获得的用水抄表、收费、管网维护、故障处理、生产核算成本等数据。

3. 调度决策系统是系统的指挥中心

又分为生产调度决策系统和事故处理系统。生产调度决策系统具有仿真、状态预测、优化等功能；事故处理系统则具有事件预警、侦测、报警、损失预估及最小化、状态恢复等功能，通常包括爆管事故处理和火灾事故处理两个基本模块。

4. 调度执行系统

由各种执行设备或职能控制设备组成，可以分为开关执行系统和调节执行系统。开关执行系统控制设备的开关、启停等，如控制阀门的开闭、水泵机组的启停、消毒设备的运停等；调节执行系统控制阀门的开度、电机转速、消毒剂投量等，有开环调节和闭环调节两种形式。调度执行系统的核心是供水泵站控制系统，多数情况下，它也是水厂过程控制系统的组成部分。

以上划分是根据城市供水调度系统的功能和逻辑关系进行的，有些为硬件，有些则为软件，还有一些既包括硬件也包括软件。初期建设的调度系统不一定包括上述所有部分，根据情况，有些功能被简化或省略，有时不同部分可能共用软件，如用一台计算机进行调度决策兼数据库管理等。

（四）给水管网的集成化数据采集与监控系统

SCADA 系统，又称计算机四遥，即遥测、遥控、遥讯、遥调技术，在城市供水调度系统中得到了广泛应用。它与地理信息系统、管网仿真模拟系统、优化调度等软件配合，可以组成完善的城市供水调度管理系统。

1.城市供水调度 SCADA 系统组成

现代 SCADA 系统不但具有调度和过程自动化的功能，也具有管理信息化的功能，而且向着决策智能化方向发展。现代 SCADA 系统一般采用多层体系结构，可以分为 3 ~ 4 层。

（1）设备层：包括传感检测仪表、控制执行设备和人机接口等。设备层的设备安装于生产控制现场，直接与生产设备和操作工人相联系，感知生产状态与数据，并完成现场指示、显示与操作。在现代 SCADA 系统中，设备层也在逐步走向智能化和网络化。

城市供水调度 SCADA 系统的设备层具有分散程度高的特点，往往需要使用一些自带通信接口的智能化检测与执行设备。

（2）控制层：负责调度与控制指令的实施。控制层向下与设备层对接，接受设备层提供的工业过程状态信息，向设备层给出执行指令。对于具有一定规模的 SCADA 系统，控制层往往设有多个控制站（又称控制器或下位机），控制站之间联成控制网络，可以实现数据交换。控制层是 SCADA 系统可靠性的主要保证者，每个控制站应做到可以独立运行，至少可以保证生产过程不中断。

城市供水 SCADA 系统的控制层一般由可编程控制器或远方终端组成，有些控制站有属于水厂过程控制系统的组成部分。

（3）调度层：实现监控系统的监视与调度决策。调度层往往是由多台计算机联成局域网组成的，一般分为监控站、维护站（工程师站）、决策站（调度站）、数据站（服务器站）等。其中，监控站向下连接多个控制站，调度层各站可以通过局域网透明地使用各控制站的数据与画面；维护站可以实时地修改各监控站及控制层的数据与程序；决策站可以实现监控站的整体优化和宏观决策（如调度指令）等；数据站可以与信息层共用计算机或服务器，也可以设专用服务器。供水调度 SCADA 系统的调度层可与水厂过程控制系统的监控层合并建设。

（4）信息层：提供信息服务与资源共享，包括与供水企业内部网络共享管理信息和水厂过程控制信息。信息层一般以广域网（如国际互联网）作为信息载体，使得 SCADA 系统的所有信息可以发布到全世界的任何地方，也可以从全世界任何地方进行远程调度与维护。也可以说，全世界信息系统、控制系统可以联成一个网。这是现代 SCADA 系统发展的大趋势。

2. 管网测压点的布置

管网中的测压点是 SCADA 系统的重要组成部分，合理布置测压点的位置和数量不仅可以节省投资，而且是供水服务质量的一个重要保证。

供水管网服务压力必须达到一定的水平，而管网压力又与漏失量直接相关，在其他外部条件相同的情况下，管网漏水率随服务压力的增大而增大。因此，管网系统中测压点的位置和数量应合理布置，以达到全面反映供水系统的管网服务压力分布状况，及时显示供水系统异常情况发生的位置、程度及其影响范围，监测管网运行工况，据此评估管网运行状态的目的。

为此，管网测压点应能够覆盖整个管网，每一测压点都能代表附近地区的水压情况，真实反映管网的实际工作状况。由于供水支管水压往往受局部供水条件的影响，不能反映该地区的供水压力实际情况，所以测压点须设在大中口径供水主干管上，不宜设在进户支管或有大量用水的用户附近，一般在以下地区设置管网测压点：

（1）每 10km² 供水面积需设置一处测压点，供水面积不足 10km² 的，最少要设置两处。

（2）水厂、加压站等水源点附近地区。

（3）供水管网压力控制点、供水条件最不利点处，如干管末梢、地面标高特别高的地点。

（4）水源供水管网的供水分界线附近。

（5）水压力较易波动的集中大量用水地区。

（6）用水有特定要求的国家要害部门。

（五）管网水质污染及二次供水污染的原因

从水厂出来的水在管网内部可流动数小时乃至数天时间，有足够时间与管壁表面进行充分接触，管壁在与水接触时会渗漏出一些化学物质，污染饮用水；同时，某些管材所释放的有机物能促进微生物在管内的生长。

1. 管材对供水水质的影响

（1）金属管材（铸铁管、球墨铸铁管和无缝钢管）。水是一种电解质，铁在水中的腐蚀大多是化学腐蚀，易生成锈垢。由于管道内锈垢的存在，自来水不是沿着管壁流动而是沿着垢层流动，它们的存在不仅降低了管道的有效过水面积，当管网中水的流速发生剧变或在其他因素的影响下，厚而不规则的锈垢将从管网中排出，并且对供水水质构成污染。

（2）石棉水泥管和水泥管。石棉水泥管中的水泥为高炉矿渣水泥和普通水泥，或者是火山和熟石灰水泥。水泥中有多于 100 种化合物已被认识并检出。石棉是一系列纤维状硅酸盐矿物的总称，这些矿物有着不同的金属含量、纤维直径、柔软性、抗张强度和表面性质。石棉对人体健康有着严重影响，它可能是一种致癌物质。石棉水泥管中水泥基质的破裂，可能导致石棉纤维向水中渗入，从石棉水泥管释放石棉纤维到自来水中。研究表明，当使用石棉水泥管时，从水源到管网，石棉纤维都有不同程度的增加。水泥管由水泥、沙子、石子、水和钢筋所构成，小的裂缝能自发地与渗入的腐蚀产物形成碱性物质，并从水泥中浸出。

（3）塑料管。塑料在水中可能发生溶解反应，使化学物质从塑料中浸出，污染在塑料管中流动的水。在塑料管中，聚合物及基质树脂分子也可能被分子链破裂、氧化及取代反应等因素所改变，从而使管的性质发生不可逆的变化，这也可能污染在管中流动的水。铅作为一种稳定剂被广泛地应用于塑料生产中。当含铅稳定剂的 PVC 管首次与水接触时，铅将从 PVC 管道渗出，造成铅污染。因此，含有铅稳定剂的 PVC 管不宜用作给水管道。

2. 管壁的化学物质对水质的影响

资料表明，一些城市的铸铁管内壁仍使用沥青涂料，较大城市已推行管内壁衬水泥砂浆的措施。

（1）沥青涂层。沥青主要为高分子脂肪经物质，通常表现为惰性，并在水中无溶解性，但沥青中所含的多环芳烃会对人体健康构成一定危害。实验表明，在涂有沥青涂料的管道中，水中含有一定的多环芳烃，当管网中水的流动速度较缓慢时，水中的酚、苯含量剧增，这将严重危害人体健康。

（2）水泥砂浆衬里。水泥砂浆衬里是国内外最常见的给水管道内衬涂料。它可有效地防止管网内壁腐蚀，并阻止"红水"现象的产生。但砂浆衬里会受到水中酸性物质的侵蚀，从而导致腐蚀，并发生脱钙现象，进而污染水质。

3. 二次供水引起的水污染问题

自来水二次污染是指自来水在输送到用户使用过程中受到的污染。自来水供配水系统由输水管、管网、泵站和调节构筑物等组成。供水环节中可能引起水质污染的原因很多，找出主要原因有利于从根本上找到解决问题的对策。

（1）自来水的二次污染原因

自来水的二次污染主要由以下原因引起：

①用户配水龙头停用较长时间后，随着自来水在用户管道滞留时间的增加，水质逐渐恶化，滞留时间超过 24h，水质严重恶化，且有异味，不宜饮用。

②钢板、玻璃钢、钢筋混凝土等不同材质的供水调节设施，一般理化指标和毒理指标无明显变化，但铁质水箱中铁锰含量略有增大，贮存 24h 后，水中余氯为零，不宜直接饮用。

③二次加压设施多为容器类的设施，易存死水，更易繁殖微生物，产生有害物质，污染水质。

④溢流管设置不合理，无卫生防护措施。

⑤水池池口防护设施不到位。大部分水池均为平底，加之出水口水位显著高于池底，易造成淤泥聚积；有的水池口露天设置，与地面齐平，甚至池口无盖、无锁，一旦下雨或冲洗地面，污水会污染池中水。

⑥蓄水池内衬材料和结构不符合卫生要求。

⑦缺乏合格的卫生管理人员。有的供水人员卫生知识缺乏，又没有经过卫生知识培训，管水人员及水池（箱）清洗人员不进行健康体检就上岗工作。个别单位在没有取得卫生部门颁发的卫生许可证的情况下，便私自使用二次供水设施。

⑧卫生管理制度及卫生设施不健全。有的供水单位卫生管理制度不够完善，无必要的水质净化消毒设施及水质检验仪器、设备，没有经常性的卫生监督、监测、检查制度及水池清洁制度。

（2）二次污染防范措施。消除供水二次污染，应从以下六个方面入手：

①合理选择管材。

②采取有效防范措施。对供水调节构筑物，若是已建的，第一步应完善它的结构，如水池盖的密封、溢水放空管的防污措施等，避免外界的虫、鼠、尘等进入其内；第二步应添加过滤装置，对已有的不合格内部涂衬材料加以改装，如

采用不锈钢、玻璃钢、不含铅瓷片等措施；死水问题则可采用进水管插入池底的方法解决，特别是容积超过 12h 贮水时间的池水，应采取补充加氯或其他消毒方法，以保证水质。对新建的调节构筑物，在设计时首先要考虑容积宜小不宜大，前提是供水贮存时间不超过 12h。

③加强管理，健全和完善操作规范。对二次加压设施，除了从设计和施工上做好有效防范措施外，关键在于采用有关的法律法规、办法及系统运行标准来加强管理，做到从设计到验收，直至清洗、消毒的全过程都有人负责。

④加强宣传及培训工作。大力宣传并严格执行《生活饮用水卫生监督管理办法》是使生活饮用水卫生、安全、保障人体健康的可靠保证。《生活饮用水卫生监督管理办法》的颁布、实施，使二次供水卫生管理有了统一的法规，使其有章可循，有法可依。要加大宣传力度，特别是要加强对建筑设计人员的宣传，使建筑设计符合卫生要求，为卫生管理打下基础。加强培训，提高管水人员的饮水卫生知识，控制水源性疾病的发生。

⑤强化预防性卫生监督。对新建、扩建、改建的二次供水设计，当地卫生监督部门应把好关，认真审查、验收，以防止二次供水在设计和施工中不规范、不合理而出现使用中难以克服的问题。

⑥建立健全卫生监督监测制度。二次供水系统包括二次加压供水设施、供（用）水单位责任人员的管理和卫生监督部门的监督三个环节，其中任何一个环节失控，都可能造成水质污染事故的发生。加强对二次供水管理人员的培训及建立健全各项规章制度，使之形成有效的管理体制。同时，卫生监督部门也应加强对二次供水的管理，定期进行监督、检测，以防止水质污染事故的发生。

（六）管网水质的维持措施

为维持管网内的水质，可采取以下具体措施：

（1）新建管道的冲洗和消毒。管道试压合格后，应进行冲洗，用含氯 20 ~ 40mg/L 的氯水进行消毒，再用清水冲洗后，方可投入使用。

（2）运行管道定期冲洗和检测。在运行管道上利用排泥口和消火栓对管网进行冲洗，并定期进行水质化验。为了消除死角带来的污染，应定期对管网进行排污，确保水质符合国家卫生规范。特别是在居民区管网末端，或者相对用水量较少的区域，应间隔设立排污阀，以便将某区段的水尽可能排除干净，避免死水、锈蚀、水垢、细菌污染水质。

（3）旧管道的更新改造。旧管道腐蚀和结垢严重，影响管网水质。更换管道时，应考虑尽量减少管道本身被腐蚀的可能性，杜绝氧化、锈蚀等现象对水质的影响。

（4）消灭管网死端。管网死端易造成通水不畅，细菌繁殖而导致水质污染，应尽早消灭管网死端。

（5）采取分质供水。应将优质水供给居民，将水质较低但符合工业用水水质要求的水供给工业企业。某些用水量大的工业企业，其用水量 80% 为循环用水和冷却用水，对水质要求低于饮用水，通常都设有两套供水系统。

市政管网严格禁止与循环用水、锅炉回水等其他管道相连接。单位的自备井供水系统无论其水质状况如何，均不得与市政供水系统直接连通，以市政自来水为备用水源的单位，其自备水源的供水管道也不得与市政管道相连，以防止污染市政管道水质。

第三节　排水管渠系统维护

目前，我国大部分城市的排水运行管理水平较低，很多城市仍然沿用传统人力维护和经验管理的模式，机械化和信息化程度都比较低，无法体现排水管网复杂的网络特征。一部分发达城市已经采用了基于地理信息系统的管理模式，但专业分析功能通常较弱，系统仅体现了排水管网的地理特征，只实现了基本的地图显示和查询功能，缺少网络分析、动态模拟和优化分析等专业功能，不能为排水管网安全运行提供科学的决策支持。

一、排水管道系统（管网）存在的问题

随着我国城市化进程的加快，城市排水管网系统快速增长，其规模持续扩大，管理的难度也越来越大。长期以来，我国排水管网系统管理中存在的问题主要包括以下五个方面：

（1）排水管网系统重建设、轻维护的情况普遍存在，管网维护技术依旧十分落后，与日益发展的城镇建设和水环境改善要求不相适应。

（2）缺乏全面完整、科学有效的管理养护计划和措施，难以制订高效的管道养护计划，排水管网及排水设施的管理养护随意性与主观性大，养护效果也较难评估。

（3）大部分城市排水管网数据资料管理方式分散、不系统，排水管网数据不完整、不准确，管理法规和相关技术标准不完善，缺乏完善可靠的排水管网数字化管理技术规范。

（4）缺乏有效的管网状态评估和运行检测手段，不能及时准确地掌握管网运行状况的变化，基于在线数据的全管网分析和动态模拟管理模式鲜有应用案例。

（5）排水管网的调度控制分析、布局优化和应急事故分析缺乏科学依据，流域级别的综合管理模式无法实现，在应对防汛抢险等危机事件过程中，现有的管理调度手段常显得无力。

二、排水管道系统（管网）维护

排水管网日常维护的最终目的：管道设施完好无损、管通水畅，保障城市排水、交通（包括车辆、人员）安全。

排水管网日常维护工作主要包括管道的巡视和检查，检查井及雨水口的清掏，沟渠的疏通作业，损坏设施的修复，排水用户接管检查等。

（一）检查井、雨水口养护

检查井是排水管中连接上下游管道并供养护工人检查、维护和进入管内的构筑物。检查井的养护内容包括对井盖安全性的检查、井内沉泥的清除等。

雨水口是用于收集地面雨水的构筑物。雨水算是安装在雨水口上部带格栅的盖板，它既能拦截垃圾、防止坠落，又能让雨水通过。在合流制地区，雨水口异臭是影响城镇环境的一个突出问题。国外的解决方法是在雨水口内安装防臭挡板或水封。安装水封也有两种做法：一是采用带水封的预制雨水口；二是给普通雨水口加装塑料水封。水封的缺点是在少雨的季节里会因缺水而失效。

（二）清掏作业

排水管道及附属构筑物的清掏作业工作量很大，通常要占整个养护工作的 60%～70%。管道、检查井和雨水口内不得留有石块等阻碍排水的杂物。我国清掏检查井和雨水口的技术十几年来几乎没有大的改变，除少数发达城市外，大部分城镇依旧沿用大铁勺、铁铲等手工工具，工作效率低，劳动强度大，安全隐患多。在有条件的地方，检查井和雨水口的清掏宜采用吸泥车、抓泥车等机械作业。

（三）管道疏通

管道疏通离不开疏通工具，通沟器（俗称通沟牛）是一种在钢索的牵引下，用于清除管道积泥的除泥工具，其形式有桶形、铲形、圆刷形等。

（四）管道封堵

在进行管道检测、疏通、修理等施工作业之前，大多需要封堵原有管道。传统的封堵方法（如麻袋封堵、砖墙封堵等）存在工期长、工作条件差、封堵成本高、拆除困难等缺点。近 20 年来，充气管塞的研制和应用在国外发展很快。

充气管塞使用方便，只需清除管底污泥，将管塞放入管口，充气，然后加上防滑动支撑。在正常境况下，封堵一个 1500mm 的管道只需半个多小时。拆除封堵则更加方便，不会像拆除砖墙那样留下断墙残坝影响管道排水。充气管塞主要由橡胶加高强度尼龙线制成，配有充气嘴、阀门、胶管、压力表等。按膨胀率不同，充气管塞可分为单一尺寸和多尺寸两种；按功能不同，充气管塞还可分为封堵型、过水型（又称旁通型）和检测型几种。

（五）井下作业

井下清淤作业宜采用机械作业方法，并严格控制人员进入管道内作业。井下作业必须严格执行作业制度，履行审批手续，下井作业人员必须经过专业安全技术培训、考核，具备下井作业资格，并应掌握人工急救技能和防护用具、照明、通信设备的使用方法。井下作业前，应开启作业井盖和其上下游井盖进行自然通风，且通风时间不应小于 30min。当排水管道经过自然通风后，井下的空气氧的体积分数不得低于 19.5%，否则应进行机械通风。管道内机械通风的平均风速不应小于 0.8m/s。有毒有害、易燃易爆气体浓度变化较大的作业场所应连续进行机械通风。

下井作业前，应对作业人员进行安全交底，告知作业内容和安全防护措施及自救互救方法，做好管道的降水、通风以及照明通信等工作，检测管道内有害气体。作业人员应佩戴供压缩空气的隔离式防毒面具和安全带、安全绳、安全帽等防护用品。

井下作业时，必须配备气体检测仪器和井下作业专用工具，并培训作业人员掌握正确的使用方法。井下作业时，必须进行连续气体检测，井室内应设置专人呼应和监护。下井人员连续作业时间不超过 1h。

（六）排水管道检查

排水管道检查可分为管道状况巡查、移交接管检查和应急事故检查等。管线日常巡查的内容主要包括及时发现和处理污水冒溢、管道塌陷、违章占压、违章排放、私自接管等情况，以及影响排水管道运行安全的管线施工、桩基施工等。对完成新建、改建、维修或新管接入等工程措施的排水管道，在向排水管道管理单位移交投入使用之前，应进行接管检查。结构完好、管道畅通的，接管单位可接管并正式投入使用。排水管道应急事故时，经检修、清通后，管理维护部门也须对管道内的状况进行应急检查。管道检查项目可分为功能状况和结构状况两类：功能状况检测是对管道畅通度的检测；结构状况检测是对管道结构完好程度的检查，如管道接头、管壁、管基础情况等，与管道的结构强度和使用寿命密切相关。

管道功能状况检查的方法相对简单，加上管道积泥情况变化较快，所以功能性状况的普查周期较短；管道结构状况变化较慢，检查技术复杂且费用较高，故检查周期较长，德国一般采用 8 年，日本采用 5 ～ 10 年。在实施结构性检测前应对管道进行疏通清洗，管道内壁应无泥土覆盖。

排水管道检查可采用声呐检测、影像检查、反光镜检查、人员进入管道检查、水利坡降检查、潜水检查等方法进行。

第四节　给排水管道非开挖修复技术的发展与分类

随着重要路段（如穿越河流、高速公路、铁路干线、机场跑道等）不允许开挖敷设地下管线的工程日益增多，现代非开挖技术开始引入中国。美国首次施工采用顶管法，在铁路下顶进一根混凝土管。后来北京市在市政工程中首次使用顶管法，成为我国最早使用的非开挖施工法，此后逐渐推广到全国，并成立了中国非开挖技术协会。非开挖技术在管道修复中的应用越来越多。

随着城市的发展，城市地下管网的规模在不断扩大，但大批的地下管道由于敷设时间久远，现已达到或接近使用年限。管道的修复技术已日益引起各方面的关注。传统的开挖修复和更换管道技术，不但导致施工成本居高不下，而且给施工区域的居民与社区生活带来了严重的干扰和影响。基于传统技术种种弊端的显现，非开挖技术应运而生。非开挖技术是在地表不开槽的情况下探测、检查、敷设、更换或修复各种地下管线的技术或科学。排水管道非开挖修复技术是非开挖施工技术领域中的一部分，是指在地表不开挖或少开挖的情况下对地下排水管道进行修复的技术。非开挖施工技术具有少破坏环境、少影响交通、施工周期短、综合成本低、社会效益显著等优点，越来越受到用户的青睐。

现在工程实际中常用的管道非开挖修复方法主要有现场固化（Cured In Place Pipe，CIPP）翻转内衬法、非开挖高密度聚乙烯（High Density Polyethylene，HDPE）管穿插牵引法、螺旋缠绕制管法等。

（1）CIPP 翻转内衬法修复技术。CIPP 法是应用较广泛的非开挖修复技术，从 CIPP 出现至今，已有超过 15500km 的排水管道通过此法修复；Insituform 公司发明了现场固化法（翻转法），并成功地在英国伦敦进行了一段排水管道的修复。后来 Insituform 公司重新对这段管道进行检测，结果表明：经过 20 年的使用，该段 CIPP 管的物理强度基本未发生变化，腐蚀和破损等管道缺陷也很少。Eric Wood 在英国发明了 CIPP 紫外光固化法。后续气翻转工法和蒸汽固化法也陆续被开发出来。之后现场固化法传入我国，并在北京、天津和上海等大城市进行试验性修复应用。现场固化法适用范围广,质量好,对交通环境影响小,是目前世界上使用最多的一种非开挖修复方法。现场固化法不但可用于圆形管道的修复,而且对于卵形、马蹄形甚至方形管道的修复都有很好的适用性,经过准确的设计计算可以保证 CIPP 内衬管与旧管道完全紧贴在一起,保证较高的物理强度,单次连续修复长度超过 200m,尤其适用于交通繁忙的城市中心地下排水管道的修复。

CIPP 翻转内衬法是将浸满热固性树脂的毡制软管通过注水翻转将其送入旧管内后再加热固化,在管内形成新的内衬管的一种非开挖管道修复方法。由于 CIPP 法使用的树脂在未固化前是黏稠材料,内衬管能够紧贴原管道内壁形成与原管道完全相同的形状,当被修复管道在短距离内出现较大起伏或拐弯点时能够顺利通过,完成非开挖内衬修复。

CIPP 翻转内衬法的工艺是将无纺毡布或有纺尼龙粗纺与聚乙烯或聚氯乙烯、聚氨酯薄膜复合成片材,根据介质不同选择工艺膜,然后根据被修管道内径,将薄膜向外缝制成软管,并用相同品种薄膜条封住缝合口,排除软管内空气、加入树脂,经过加压使树脂与软管浸渍均匀,然后利用水或气将软管翻转进入被修管道内,此时软管内树脂面翻出并紧贴在已清洗干净的被修管道内,经过一段时间,软管固化成刚性内衬管,从而达到堵漏、提压、减阻的目的。常用的树脂材料有三种:非饱和聚合树脂、乙烯酯树脂和环氧树脂。非饱和聚合树脂由于性能好,价格经济,使用最广;环氧树脂能耐腐蚀、耐高温,主要用于工业管道和压力管道。通过 CIPP 翻转内衬实现内衬管与外管道的复合结构,改善了原管道的结构与输送状态,使修复后的管道能恢复甚至加强了其原来的输送功能,从而延长了管道的使用寿命。

(2)HDPE 管穿插牵引修复。HDPE 管道穿插牵引修复技术,是将一条新的管径略小于或等于旧管道的 HDPE 管,通过专用设备将横截面变为 U 形拉入管道,然后利用水压、高温水或高压蒸汽的作用将变形的管道复原并与原有管道内壁紧贴在一起,形成 HDPE 管的防腐性能与原管道的机械性能合二为一的一种"管中管"复合结构。该方法操作简单易行,修复后的管道运行可靠性高。对于直管段,只需在两端各开挖一个操作坑,即可实现穿插 HDPE 管道修复,最长可一次穿插 1000m,可以用于 DN100 ~ DN1000 的各种材质管线的内衬修复。

(3)螺旋缠绕制管法。该工艺是将专用制管材料(如带状聚氯乙烯 PVC)

放在现有的检查井底部，通过专用的缠绕机，在原有的管道内螺旋旋转缠绕成一条固定口径的结构性防水新管，并在新管和旧管之间的空隙灌入水泥砂浆完成修复。

参 考 文 献

[1] 陈春光 . 城市给水排水工程 [M]. 成都：西南交通大学出版社，2017.

[2] 刘东善，马新民 . 城市给水排水工程技术概论 [M]. 长春：吉林大学出版社，
      2017.

[3] 李树平，刘遂庆 . 城市给水管网系统（第 2 版）[M]. 北京：中国建筑工业出
      版社，2021.

[4] 孙凤海，杨辉 . 城市给水排水基础与实务 [M]. 北京：中国建筑工业出版社，
      2016.

[5] 毕德纯，孙峰 . 城市地下空间通风与排水 [M]. 徐州：中国矿业大学出版社，
      2018.

[6] 陈伟珂 . 城市排水管网脆弱性评价及其应用 [M]. 天津：天津大学出版社，
      2019.

[7] 杨庆华 . 城市防洪防涝规划与设计 [M]. 成都：西南交通大学出版社，2016.

[8] （澳）乔恩·兰 . 城市规划设计 [M]. 黄阿宁，译 . 沈阳：辽宁科学技术出版
      社，2017.

[9] 本书编写委员会 . 城市供水与地下管网 [M]. 北京：中国水利水电出版社，
      2016.